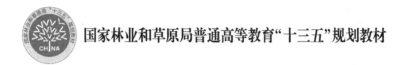

国家林业和草原局普通高等教育"十三五"规划教材

昆虫生态及灾害预警

马 玲 宗世祥 主编

中国林业出版社

图书在版编目(CIP)数据

昆虫生态及灾害预警 / 马玲，宗世祥主编. — 北京：中国林业出版社，2022.4
国家林业和草原局普通高等教育"十三五"规划教材
ISBN 978-7-5219-1569-3

Ⅰ.①昆… Ⅱ.①马…②宗… Ⅲ.①昆虫学-动物生态学-高等学校-教材②虫害测报-高等学校-教材 Ⅳ.①Q968.1②S431

中国版本图书馆 CIP 数据核字(2022)第 015887 号

中国林业出版社教育分社

责任编辑：范立鹏　　　　　　　责任校对：苏　梅
电　　话：(010)83143626　　　传　　真：(010)83143516

出版发行　中国林业出版社(100009　北京市西城区刘海胡同 7 号)
　　　　　E-mail:jiaocaipublic@163.com
　　　　　http://lycb.forestry.gov.cn/lycb.html
经　　销　新华书店
印　　刷　北京中科印刷有限公司
版　　次　2022 年 4 月第 1 版
印　　次　2022 年 4 月第 1 次印刷
开　　本　787mm×1092mm　1/16
印　　张　10.75
字　　数　255 千字
定　　价　38.00 元

未经许可，不得以任何方式复制或抄袭本书之部分或全部内容。

版权所有　侵权必究

《昆虫生态及灾害预警》
编写人员

主　　编：马　玲　宗世祥
副 主 编：邹传山　马　伟
编写人员：(按姓氏笔画排序)
　　　　　马　伟(黑龙江中医药大学)
　　　　　马　玲(东北林业大学)
　　　　　邹传山(东北林业大学)
　　　　　宗世祥(北京林业大学)

前　言

昆虫生态学是有关昆虫及其环境之间相互作用关系的一门学科。很多生态学理论的发展都依赖于昆虫生态学，同时生态学理论的发展又促进了昆虫生态学的发展；而且，昆虫生态学还是一门实践性很强的学科，是指导害虫预测预报的基础。

近年来，昆虫生态学理论与方法的发展非常迅速，其主要特点为：①与其他学科紧密结合，尤其是与分子生物学和"3S"信息技术相结合，产生了诸如昆虫分子生态学和昆虫空间生态学等很多交叉学科，从深度与广度上推动了本学科的发展；②与生产实际紧密联系，尤其是与当前的可持续农业、生物多样性、保护生物学和全球气候变化等密切相关，显著地提高了本学科在社会、经济和生态发展中的地位。

本教材在简明扼要地介绍昆虫生态学基本原理的基础上，重点介绍了现代昆虫生态学研究的基本方法。本教材分为基础和应用两部分，共9章。基础部分按个体、种群、群落和生态系统的组织层次编写；应用部分包括全球气候变暖、生态地理分布、害虫预测预报、"3S"技术在昆虫生态学中的应用等内容。

在写作上，本教材具有如下特点：①前沿性，系统地介绍国内外昆虫生态学的最新研究进展；②先进性，只选择有代表性的昆虫生态学研究方法介绍，不求全面，只求深度，读者对象为生物学、生态学或昆虫学专业的高年级本科生或研究生；③实用性，大都以研究工作或典型实例说明研究方法；④启发性，通过对昆虫生态学原理与方法的讨论，提出了今后研究发展的方向，增加了读者的学习兴趣。

尽管编者多年来一直从事昆虫生态学的研究与教学，但面对内容异常丰富的昆虫生态学，知识和水平仍显得十分有限。在编写和统稿过程中，也难免存在这样或那样的缺点与错误，敬请有关专家和读者批评指正，以便再版时修正，使本教材成为我国昆虫生态学研究和教学的重要参考书。

编　者
2021年6月

目 录

前 言
绪 论 ………………………………………………………………………… (1)
 0.1 生态学的定义 ………………………………………………………… (1)
 0.2 生态学的发展简史 …………………………………………………… (1)
 0.3 生态学可持续发展相关理论 ………………………………………… (3)
 0.4 昆虫生态学概述 ……………………………………………………… (6)
 0.5 昆虫生态学的研究内容 ……………………………………………… (7)

第1章 昆虫个体生态学 …………………………………………………… (8)
 1.1 昆虫与环境的基本关系 ……………………………………………… (8)
 1.2 温度对昆虫的影响 …………………………………………………… (12)
 1.3 湿度和降雨对昆虫的影响 …………………………………………… (21)
 1.4 光对昆虫的影响 ……………………………………………………… (22)
 1.5 土壤环境对昆虫的影响 ……………………………………………… (24)
 1.6 天敌对昆虫的影响 …………………………………………………… (27)
 1.7 食料植物对昆虫的影响 ……………………………………………… (29)
 1.8 生物对环境的适应 …………………………………………………… (31)

第2章 昆虫种群生态学 …………………………………………………… (42)
 2.1 种群的基本特征与种群结构 ………………………………………… (42)
 2.2 昆虫种群的空间动态 ………………………………………………… (47)
 2.3 昆虫种群的数量动态 ………………………………………………… (52)
 2.4 昆虫种群生命表 ……………………………………………………… (61)
 2.5 种群的生态对策 ……………………………………………………… (66)
 2.6 种间关系 ……………………………………………………………… (70)

第3章 种群分化与生物进化 ……………………………………………… (79)
 3.1 种的分化及生物型 …………………………………………………… (79)
 3.2 生物进化与适应 ……………………………………………………… (80)
 3.3 协同进化 ……………………………………………………………… (85)
 3.4 主要应用前景 ………………………………………………………… (86)

第4章 昆虫群落生态学 (88)
4.1 生物群落概述 (88)
4.2 生物群落的结构 (91)
4.3 生物群落的种类组成 (96)
4.4 群落的发展和演替 (99)
4.5 群落的特性分析 (103)
4.6 影响生物群落结构的因素 (106)

第5章 生态系统生态学 (114)
5.1 生态系统概述 (114)
5.2 生态系统中的能量流动 (117)
5.3 生态系统中的信息传递 (119)
5.4 生态系统中的物质循环 (120)
5.5 生态系统的稳定性 (125)

第6章 昆虫对全球气候变化的响应 (128)
6.1 全球气候变化与昆虫 (128)
6.2 昆虫对全球变暖的响应 (128)
6.3 大气二氧化碳浓度升高对昆虫的影响 (130)
6.4 研究展望 (133)

第7章 生态地理分布 (135)
7.1 世界陆地昆虫地理区划 (135)
7.2 中国昆虫地理区系 (136)
7.3 影响昆虫地理分布的环境条件 (138)

第8章 森林害虫预测预报 (140)
8.1 我国森林害虫预测预报概况 (140)
8.2 森林害虫预测预报的类型 (141)
8.3 森林害虫发生期预测 (142)
8.4 森林害虫发生量预测 (147)
8.5 数理统计预测 (149)

第9章 "3S"技术在昆虫生态学中的应用 (152)
9.1 GIS在昆虫生态学中的应用 (152)
9.2 RS在昆虫生态学中的应用 (154)
9.3 GPS在昆虫生态学中的应用 (157)
9.4 "3S"集成技术在森林虫害管理中的应用 (158)

参考文献 (161)

绪 论

0.1 生态学的定义

虽然诸多学者为生态学(Ecology)下的定义很不相同,但比较主要的有6种,它们代表以下3个生态学的主要发展阶段。

①德国生态学家海克尔(Ernst Haeckel,1866)最早将生态学定义为研究生物有机体与周围环境相互关系的科学;英国生态学家埃尔顿(Elton,1927)称生态学为研究科学的自然历史,表明当时生态学的研究着重于个体生态学。

②澳大利亚生态学家安德列沃斯(Andrevwarth,1954)将生态学定义为研究生物有机体的分布与多度的科学;加拿大生态学家克雷布斯(Krebs,1972)进一步将该定义扩展为研究生物有机体的分布与多度及其相互作用关系的科学,表明生态学的研究焦点转向了种群生态学。

③美国生态学家奥德姆(Odum,1971)认为生态学是研究生态系统结构与功能的科学;我国著名生态学家马世骏(1981)提出生态学是研究生命系统与环境系统相互关系的科学,反映现代生态系统的发展重点转移到了生态系统生态学。

0.2 生态学的发展简史

0.2.1 生态学创立前的知识积累阶段(18世纪以前)

生态学起源于博物学。在漫长的生产实践活动中,人们逐渐注意到生物与环境之间的关系,如原始部落以打猎、捕鱼、采摘果实为主,需要有关寻找到猎物的知识;秦汉时期,二十四节气中的谷雨、惊蛰反映了作物、昆虫与气候的关系;北魏贾思勰的《齐民要术》记载了植物因环境而变化的观点,"凡栽一切树木,欲记其阴阳,不令转易。阴阳易位,则难生";南北朝名医陶弘景在《名医别录》中记载了细腰蜂在螟蛉虫体内寄生的现象,简单描述了二重种间寄生关系;公元23—79年,罗马的柏里尼(Pling)将动物分为陆栖、水生、飞翔三大生态类群。这些都是朴素的生态学观点,人类在实践中不断累积起来的这些知识为生态学的创立奠定了基础。

0.2.2 现代生态学创始阶段(18—19世纪)

1749年,法国学者布丰(Buffon)提出"生命律",第一次将有关动物与其环境关系的知识系统化。1803年，马尔萨斯(Malthus)的《人口论》阐述了人口增长与食物的关系，他指出，人口的增长以几何级数增长，食物供应的增长以算术级数增长，因而人的繁殖必将被食物的生产所制约。1859年，达尔文在《物种起源》中提出了进化论，更深化了人类对生物与环境关系的认识。1865年，勒特(Reiter)合并两个希腊字logos(研究、学科)和oikos(住房、住所)构成oikologie(生态学)一词。1866年，Haeckel将生态学定义为研究生物有机体与其无机环境之间相互关系的科学，近代生态学便由此诞生了。

0.2.3　学科与学派划分阶段(19世纪末至1935年)

100多年来，生态学发展很快，形成了许多学科并相互渗透。学科的分化是生态学发展的第一次高峰，学派的产生是生态学发展的第二次高峰。

(1)学科的分化

按研究对象分：动物生态学、植物生态学、微生物生态学。

按生物的不同组织水平分：个体生态学、种群生态学、群落生态学、系统生态学。

按环境特点分：淡水生态学、海洋生态学、草原生态学、森林生态学、沙漠生态学。

按分析方法分：理论生态学、数学生态学、统计生态学。

(2)学派的产生

英美学派：以美国的F. E. Clements和英国的A. G. Tansley为代表。英美学派以研究植物群落的演替和创建顶极学说而著名，比较有影响的著作有Clements(1916)的《植物的演替》，Clements与Weaver(1929)的《植物生态学》和Tansley(1923)的《实用植物生态学》。

法瑞学派：以法国的J. Braun-Blanquet和瑞士的E. Rübel为代表。他们以特征种和区别种划分群落类型，称其为群丛，并建立了比较严格的植被等级分类系统，绘制了大量的植被图，在当时的各学派中影响最大。其主要著作有Braun-Blanquet(1928)的《植物社会学》和Rübel(1922)的《地植物学研究方法》。

北欧学派：以瑞典的Du. Rietz为代表，以注重群落分析为特点。1935年，北欧学派与法瑞学派合流，称为大陆学派。其重要著作有Rietz(1921)的《近代社会学方法论基础》。

苏联学派：以В. Н. Сукачёв为代表。他们注重种群与优势种，建立了一种植被等级分类系统，并重视植被生态与植被地理工作。其代表著作有Сукачёв(1908、1945)的《植物群落学》和《生物地理群落学与植物群落学》。

0.2.4　近代生态学发展(1935—1960年)

(1)起步阶段

英国学者A. G. Tansley于1935年提出生态系统，即在一定时间和空间内，由生物成分和非生物成分组成的生态学功能单位；1939年，揭示"生态平衡"，即生态系统中各种生物的数量和所占的比例总是维持在相对稳定的状态。生态平衡是一个动态的平衡，生物的种类数量不是不变，而是相对稳定。

(2)发展阶段

1952年，美国生态学家奥德姆的《生态学基础》一书使生态学家们站得更高，从全局出发，观察生态系统，进一步确立了系统生态学的地位。该书坚持了经典的整体论方法，强调基于等级理论的多层次方法，注重将生态学原理用于解释人类面临的问题。

0.2.5 社会需求推动生态学向定量、控制和应用方向发展阶段

20世纪50~60年代，世界面临五大危机——污染危机、资源危机、能源危机、人口危机、粮食危机。生态学此时得到了空前的发展，并且吸收了新三论（系统论、控制论、信息论）。同时，生态学理论在应用中与其他学科发生广泛的交叉，如农业生态学、城市生态学、经济生态学、污染生态学等。联合国教育科学及文化组织于1964年开展国际生物学研究计划（IBP）后，1971年又组织了人与生物圈长期研究计划（MAB），1972年在瑞典的斯德哥尔摩召开了联合国人类环境会议，我国作为常任理事国之一参加会议。我国于1979年成立了生态学学会，创办了《生态学报》《生态学杂志》《应用生态学报》等多种刊物，在生态理论研究方面取得了举世瞩目的成果。

0.3 生态学可持续发展相关理论

0.3.1 可持续发展理论

可持续发展是指既满足当代人的需求，又不对后代人满足其需求的能力构成危害的发展。换句话说，可持续发展就是指经济、社会、资源和环境保护协调发展，既要达到发展经济的目的，又要保护好人类赖以生存的大气、淡水、海洋、土地和森林等自然资源和环境，使子孙后代能够永续发展和安居乐业。

(1) 可持续发展理论的提出背景

杀虫剂是防治害虫灾害、保证农业丰收的重要手段。但由于化学杀虫剂本身所固有的诸多缺点以及人们对其的不合理使用，使化学防治产生了"3R"问题，即残留、抗性、再猖獗，不仅给人类和牲畜带来了危害，而且还造成了严重的环境污染，因而迫切需要开发高效、安全、无害的新型杀虫剂。目前，化学杀虫剂使用导致的"3R"问题日益受到人们的重视。

(2) 可持续发展理论的出台

1992年，在巴西里约热内卢召开的联合国环境与发展会议上，183个国家、102位国家元首和政府首脑、70个国际组织就可持续发展的道路达成共识，正式通过了《里约热内卢环境与发展宣言》（简称《里约宣言》）。这标志着人类发展模式实现了一次历史性飞跃，由此人类创造了继农业文明、工业文明之后又一个新的文明时代。《里约宣言》是继《人类环境宣言》和《内罗毕宣言》以后又一个有关环境保护的世界性宣言，它不仅重申了前两个宣言所规定的国际性环境保护的一系列原则、制度和措施，而且又有了新的发展。该宣言体现了"冷战"后新的国际关系下各国对于环境与发展问题的新认识，反映了世界各国携手保护人类环境的共同愿望，是国际环境保护史上一个新的里程碑。

(3) 可持续发展理论的实质

可持续发展理论的本质是创新，是在价值观上从过去人与自然的对立转变为人与自然的和谐关系。这种发展观是一种以知识为内核，以人的全面发展为前提，以社会文明为基

础的新型文明发展模式。归根结底，可持续发展的实质就是尽可能利用再生资源。

（4）可持续发展理论的原则

可持续发展的核心思想是发展经济、保护资源和保护生态环境协调一致，使子孙后代能够享受充分的资源和良好的环境。同时，健康的经济发展应建立在生态可持续能力、社会公正和人民积极参与自身发展决策的基础之上。

（5）可持续发展理论的目的

可持续发展所追求的目标是既要使人类的各种需要得到满足，个人得到充分发展，又要保护资源和生态环境，不对后代人的生存和发展构成威胁；特别关注的是各种经济活动的生态合理性，强调对资源、环境有利的经济活动应给予鼓励，反之则应予以摒弃。

0.3.2 林业可持续发展

林业可持续发展是在1992年的联合国环境与发展会议上提出的，这时可持续发展的理念已经开始融入社会发展各个领域。当前，世界各国都在研究和创建林业可持续经营的标准和指标体系，我国有关方面也提出了八大标准和66项指标，对这方面的研究也正在深化。

（1）林业可持续发展含义

林业可持续发展主要是指通过综合培育与开发利用森林，发挥其应有功能，并且保护水、空气和土壤的质量以及森林动植物的生存环境。林业发展中我们不仅追求发展经济，也要保护好人类赖以生存的森林环境，使子孙后代能够永续发展和安居乐业。

林业可持续发展的内涵表现为森林生态系统功能和结构的可持续性和经济、环境产出的可持续性，即经济、社会、生态协调发展。

（2）林业可持续发展的实施策略

实现林业的可持续发展，应主要从以下几方面努力。

①依靠科技发展林业。可持续发展的根本策略是科技的发展，因为可持续发展的内涵包括经济的发展和对资源与环境的再发展能力的保护。那么既要发展经济又要保证资源与环境的发展潜力，最有效的解决办法就是依靠科技来发展经济，改变传统的以环境和自然资源为代价的粗放式经济发展模式。因此，在林业发展上，实施科技兴林、不断提高林业建设的科技含量是林业可持续发展的关键。

②优化林业经济结构，促进林业的可持续发展。调整优化林业经济结构，促进林业产业的发展，是实现林业可持续发展物质保证。在第一产业方面，以市场需求为导向，大力推进短周期工业原料林和其他原料林、速生丰产林、竹林和名特优新经济林建设；在第二产业方面，加大新产品开发力度，促进由低层次原料加工向高层次综合精深加工转变的步伐；在第三产业方面，要加大森林旅游业、花卉业的发展。要采取"以二促一带三"的策略，调整生产力布局，淘汰落后产业，改造传统产业，培育新兴产业，推动产业重组，解决林业产业结构不合理的问题；调整林产工业产品结构，大力发展精深加工、优势产品，努力开拓木材等林产品的新用途，延伸产业链，增加附加值，解决林产品结构不合理和产品缺乏竞争力的问题；调整企业布局和资产结构，实施大集团、大公司发展战略，共同开发新产品、新技术和新市场，提高企业专业化程度和产品技术含量，提高市场的竞争力。

(3) 林业可持续发展的目标

林业可持续发展的目标是由多个具体的区域对林业发展的需求所决定的，一般说来，应当从森林的功能及其所发挥的作用方面来考虑。而森林的作用受制于特定区域的社会意义和国民经济意义，就其作用来划分，主要体现在社会、经济与生态环境3个方面。其中，社会与生态环境目标体现的是全人类的利益，即可持续发展的社会经济需要林业持续地提供物质产品与生态环境服务。而对于人类群体中的林业生产经营者来说，不仅需要自身实践活动提供的产品服务，而且需要林业生产经营者拥有持续获得经济效益的能力，这也是不同利益主体对林业问题存在不同态度的原因。

(4) 林业可持续发展的实质

林业可持续发展的实质表现在以下3个方面。

①资源利用方面。能源、资源、资金和信息使用的效率、效益和增长率，以及人均收入、资源储量、资本可替代性等。

②社会发展方面。人口容量、人口素质、公共意识、文化道德、生活方式、社会公平性、社会稳定性、体制合理性等。

③生态支持力方面。生态自我调节力、生态还原力、资源承载力等。

要实现林业可持续发展，就要使以上3个方面同步协调发展，通过对森林进行系统分析，使不做功的能量做功，森林生态系统在保持良性循环的基础上满足经济发展的要求。

0.3.3 林业可持续发展与有害生物综合治理的关系

(1) 害虫综合管理的含义

害虫综合管理(integrated pest management，IPM)是从生物与环境的整体观念出发，本着预防为主的指导思想和安全、有效、经济、简易的原则，因地因时制宜，合理使用农业的、化学的、生物的、物理的方法，以及其他有效的生态手段，把害虫种群规模控制在不足以产生危害的水平，以达到保护人畜健康和增加生产的目的。

1972年2月，美国环境质量委员会(CEQ)出版的《虫害综合治理》报告中，"虫害综合治理"及其缩写IPM被录入文献中，并被科学界所接受。其概念为：IPM是决议支持系统，根据生产者、社会及环境利益和影响的效益分析，单一或联合地选择和使用害虫防治策略，协调成为治理战略。林业可持续发展与有害生物综合治理的关系见表0-1。

表0-1 林业可持续发展与有害生物综合治理的关系

项目	林业可持续发展	有害生物综合治理
实质	满足当代，不危及后代	使有害生物在阈值下
方法	尽量利用可再生资源	尽量利用自然控制力量
关系	有害生物综合治理理论的升华	支持林业可持续发展理论的最好例证

(2) 害虫综合管理的特点

害虫综合管理的特点如下。

①允许害虫种群数量在经济损害水平以下时继续存在(有人称其为容忍哲学)。

②充分利用自然控制因素。
③强调防治措施间的相互协调和综合管理。
④以生态系统为管理单位。
⑤强调害虫综合体系的动态性。

0.4 昆虫生态学概述

(1) 昆虫生态学的定义

昆虫生态学(insect ecology)是指研究昆虫与其环境关系的科学。昆虫生态学的研究在生产实践上具有重大的意义，例如，害虫的发生期和发生量预测与生态学的研究密切相关；植物检疫对象的确定与害虫种群生态学研究是分不开的；用于防治害虫的垦荒、轮作和农业技术措施都离不开生态学的研究基础；生物防治方法是生物群落、种间关系研究结果的实际应用；化学防治方法如果不注意与天敌的保护相协调，也可能出现不良的效果。

(2) 昆虫生态学的特点

昆虫生态学是生态学发展的重要动力，为生态学的发展做出了卓越的贡献。回顾生态学的发展历史，许多重要的理论学说和方法均来自对昆虫的研究，这主要归于以下两个原因：①昆虫与人类的发展和生产活动密切相关，人类在长期的生产实践活动中发现，昆虫与人类、植物、环境密切相关，特别是医学昆虫和农业昆虫是人类发展史中生产和生活的大敌或要素之一，因而研究较多；②昆虫种类多、数量大、繁殖力强、生活周期短，因而是实验室和田间实验的理想材料。

(3) 昆虫生态学在生态学中的定位及细分

由于昆虫具有物种丰富、数量众多、生活史短、体形小、饲养容易和经济意义较大等特点，常被作为生态学研究的重要试验材料。生态学研究的许多重要领域，如种群动态、进化、性选择等19个生态学科领域的产生都来自昆虫学的研究(Price, 2003)。

昆虫生态学为生态学科的发展做出了极大的贡献(图0-1、图0-2)。其中，昆虫种群动态及其管理的研究对种群动态、数学生态学、种群调节学说的发展；昆虫种群能量学的研

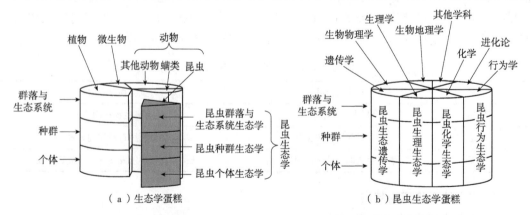

图 0-1 生态学蛋糕：昆虫生态学在生态学研究中的定位及其细分

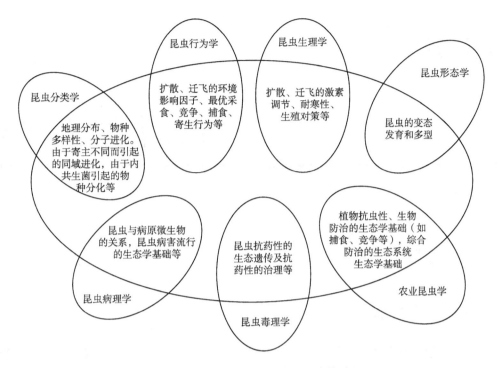

图 0-2 昆虫生态学在昆虫学研究中的地位

究对能流概念的发展；昆虫生物防治的研究对捕食、竞争、寄生等种间关系的理解和定量描述；植食性昆虫与寄主植物相互关系的研究对植物—植食者间的协同进化和化学生态学等，均起到了重大的促进作用。

0.5 昆虫生态学的研究内容

昆虫生态学的研究内容按对象的层次可分为以下几种。

①个体生态学。以昆虫个体为对象，研究某种昆虫对环境条件的适应性和可塑性，以及环境因素对其形态、生长发育、繁殖、存活、习性、行为等的影响。

②种群生态学。以昆虫种群为对象，研究在一定环境和时间、空间条件下，昆虫种群数量变动及其变动的原因。

③群落生态学。以群落为对象，研究在一定区域和时间、空间内，昆虫所处群落的结构、功能、演替及其原因等。

④生态系统生态学。以生态系统为对象，研究昆虫在该生态系统中的地位和作用。

第 1 章

昆虫个体生态学

昆虫个体生态学是以昆虫个体为研究对象，研究某种昆虫对环境条件的适应性和可塑性，以及环境条件对其形态、生长发育、繁殖、存活、休眠习性和行为的影响。

1.1 昆虫与环境的基本关系

昆虫生态学涉及生物与环境的关系，了解它们之间的关系是非常重要的。环境的变化决定了生物的分布与多度，生物的生存又影响了环境，生物与环境是相互作用、相互依存的。因此，我们首先应该了解和掌握生物与环境的生态作用规律和机理。

1.1.1 生态因子

(1) 生态因子的定义

生态因子是指环境要素中对生物起作用的因子，如光照、温度、水分、氧气、二氧化碳、食物和其他生物等。生态因子影响生物的形态、生理和分布等，常直接作用于个体生存和繁殖、群体结构和功能等。各生态因子综合作用于昆虫，影响其生长发育、繁殖、习性行为等，使对昆虫的影响随着时间和空间的不同而发生变化。所有生态因子构成生物的生态环境，特定生物体或群体栖息地的生态环境称为生境。

(2) 生态因子的分类

生态因子的数量很多，按其性质、特征及作用方式，主要有以下 4 种分类方法。

①按其性质划分。可分为气候因子(如温度、水分、光照、风、气压和雷电等)、土壤因子(如土壤结构、土壤的理化性质及土壤生物等)、地形因子(如陆地、海洋、海拔、山脉的走向与坡度等)、生物因子(包括动物、植物和微生物之间的各种相互作用)和人为因子(由于人类的活动对自然的破坏及对环境的污染作用) 5 类。

②按有无生命特征划分。可分为生物因子和非生物因子两大类。

③按生态因子对动物种群数量变动的作用划分。可将其分为密度制约因子与非密度制约因子。密度制约因子是指食物、天敌等生物因子，其对动物种群数量的影响随种群密度而变化，从而调节了种群数量，该类因子与密度有关；非密度制约因子是指温度、气候、土壤等因子影响，它们的影响强度不随其种群密度而变化，与密度无关。

④按生态因子的稳定性及其作用特点划分。可分为稳定因子和变动因子两大类。前者指地心引力、地磁常数、太阳常数等恒定因子,它们决定了生物的分布。后者又可分为两类:一类是周期性变动因子,如一年四季变化和潮汐涨落等,该类因子主要影响生物分布;另一类是非周期性变动因子,如风、降水、捕食等,该类因子主要影响生物的数量。

(3) 生态因子的作用特征

生态因子与生物之间的相互作用是复杂的,只有掌握了生态因子作用特征,才有利于解决生产实践中出现的问题。

①综合作用。环境中的每个生态因子都不是孤立、单独存在的,总是与其他因子相互联系、相互影响、相互制约。因此,任何一个因子的变化,都会不同程度地引起其他因子的变化,导致生态因子的综合作用。例如,山脉阳坡和阴坡景观的差异,是光照、温度、湿度和风速综合作用的结果;动植物的物候变化是气象变化影响的结果;生物生长发育依赖于气候、地形、土壤和生物等多种因素的综合作用;温度和湿度可共同作用于有机体生命周期的任何一个阶段(存活、繁殖、幼体发育等),通过影响某一阶段而影响物种的分布。

②主导因子作用。对生物起作用的众多因子并非是等价的,其中有一个是起决定性作用的,它的改变会引起其他生态因子发生变化,使生物的生长发育发生变化,这个因子称为主导因子。例如,植物春化阶段的主导因子是低温;若以水分为主导因子,植物可分为水生、中生和旱生3种主要的生态类型。

③阶段性作用。由于生态因子的规律性变化导致生物生长发育出现阶段性,在不同发育阶段,生物需要不同的生态因子或生态因子的不同强度,因此生态因子对生物的作用也具有阶段性。例如,低温在植物的春化阶段是必不可少的,但在其后的生长阶段则是有害的;水是多数无尾两栖类幼体的生存条件,但成体对水的依赖性就降低了。

④不可替代性和补偿性作用。对生物作用的诸多生态因子虽然是非等价的,但都很重要,一个都不能少,不能由另一个因子来替代。但在一定条件下,当某一因子的数量不足,可依靠相近生态因子的加强得以补偿,而获得相似的生态效应。例如,软体动物壳生长需要钙,环境中大量锶的存在可补偿钙不足对壳生长的限制作用;光照强度减弱时,植物光合作用下降可依靠二氧化碳浓度的增加得到补偿。

⑤直接作用和间接作用。生态因子对生物的行为、生长、繁殖和分布的作用可以是直接的,也可以是间接的,有时还要经过几个中间因子。直接作用于生物的因子有光照、温度、水分、二氧化碳等。间接作用是通过影响直接因子而间接影响生物,如山脉的坡向、坡度和高度通过对光照、温度、风速及土壤质地的影响对生物发生作用;冬季苔原土壤中虽然有水,但由于土壤温度低,植物不能获得水,而叶子蒸发继续失水,产生植物冬季干旱,即冬季干旱是由低温的间接作用产生的。

1.1.2 昆虫与环境的基本关系

生物的个体或某类群的生存和繁殖均与其生活的环境条件有关,生物将从综合的环境条件中获得必要的能量、营养、水分、空气和其他物质。这些环境条件虽然是多种多样的,而且常是变化多端的,但是在稳定状态下,当某种或几种基本物质的可利用量接近所需要的临界最小量时,这种或这些基本物质便将成为一个"限制因子"。

(1)利比希最小因子定律(Liebig's Law of Minimum)

限制因子的概念最早由德国农业化学家贾斯特斯·利比希(Justus Liebig,1840)提出,用以阐明植物的诸多营养因素中重要因素的概念。他发现,作物的产量并非经常受到那些大量需要的营养物质(如二氧化碳和水)的限制,因为它们在自然界中非常丰富,并不短缺。因此,他提出"植物的生长取决于处在最小量状态的食物的量"的主张,被称为利比希最小因子定律,也即当一种或几种限制因子低于需要量的最低阈值时,作物的生长、繁殖或生产将被抑制,而作物的产量直接与这些限制因子的施入量成正比。

利比希最小因子定律在许多方面得到证实,被许多生态学家补充或扩展,其中最主要的发展是把限制因子不局限于最小量时也称之为最高量定律(Law of Maximum)。另一个发展是,利比希仅将限制因子局限于作物生长、生产所需的微量元素范围内,而有的学者将之扩大到营养因素以外的许多因素,如温度、光等物理因素,从而使限制因子的应用范围更普遍化。

奥德姆(Odum,1983)总结了利比希最小因子定律提出以来的大量工作,认为最小因子定律如应用于实践中还必须补充两个辅助原理。

①利比希最小因子定律只有在严格的稳定状态条件下,即在物质和能量的输入和输出处于平衡状态时才能应用。因为在环境变动而不稳定时,限制因子也可能会有变动。

②因子间可能有替代作用,即当一个特定因子处于最小量状态时,其他处于高浓度或过量状态下的物质,尤其是化学性质接近的一部分元素,可能会在一定程度上弥补这一特定因子的不足。例如,软体动物的壳需要钙,钙可能是主要的限制因子,但环境中有过多的锶,它就能部分地替代钙的需要。

(2)谢尔福德耐受性定律(Shelford's Law of Tolerance)

英国生态学家谢尔福德通过多年的实验认为,不仅像利比希提出的因子处于最小量时可能成为限制因子,某些因子如温度、光、水等变量,也同样可以成为限制因子。早在1905年,Blackman就提出"限制因子的反应谱",任何限制因子对某一生物均可具有3个阈值参数,即最低、最高和最适范围(值)。最低条件是指低于此值,反应现象全部停止;最高条件则指高于此值,反应现象全部停止;而最适范围则反应现象呈现最为明显,在最高值和最低值之间即为生物的忍受范围。

谢尔福德于1917年将最低限制因子和最高限制因子与生物的耐受力结合起来,提出了"耐受性定律",即任何一个生态因子在数量或质量上不足或过多,当接近或达到某种生物的耐受性限度时,就会使该种生物衰退或不能生存。后来,许多学者在这方面对动植物进行了各种实验,形成了耐受性生态学(toleration ecology)。

耐受性定律较最小因子定律的进一步发展体现在以下方面。

①它不仅考虑因子量过少,而且也考虑因子量过多的状况。

②它不仅考虑外界因子的限制作用,也考虑生物本身的耐受能力。

③它还考虑因子之间的相互作用,如因子替代作用或因子补偿作用等。

(3)Odum 对耐受性定律的补充

Odum 于1983年在总结前人对耐受性生态学研究成果的基础上,对谢尔福德的耐受性定律提出了一些补充原理。

①每一种生物对不同生态因子的耐受范围存在差异，可能对某一生态因子耐受性很宽，而对另一个因子耐受性很窄。

②对主要生态因子耐性范围广的生物种，其分布也广。

③同一生物在不同的生长发育阶段对生态因子的耐性范围不同。

④由于生态因子的相互作用，当某个生态因子不处于适宜状态时，则生物对其他一些生态因子的耐性范围将会缩小。

⑤同一生物种内的不同品种，长期生活在不同的生态环境条件下，对多个生态因子会形成有差异的耐性范围，即产生生态型的分化。

(4) 限制因子

利比希在提出最小因子法则的时候，只研究了营养物质对植物生存、生长和繁殖的影响，并没有考虑能否应用于其他生态因子。经过多年研究，人们发现这个法则对于温度和光等多种生态因子都是适用的，并且生态因子的量也会对生物起限制作用。在稳定状态下，某一生态因子的可利用量与生物所需要量差距很大，从而限制生物生长发育或存活，则这一生态因子成为限制因子。任何一种生态因子只要接近或超出生物的耐受限度，就会成为这种生物的限制因子，如水是干旱地区的限制因子。如果一种生物对某一生态因子的耐性范围很广，而且这种因子又非常稳定，那么这种因子就不会成为限制因子；相反，如果一种生物对某一生态因子的耐性范围很窄，而且这种因子又易于变化，则这种因子很可能就是一种限制因子。

主导因子不一定是限制因子，但限制因子一定是主导因子。一旦环境变化，植物对主导因子的需要得不到满足，主导因子便很快成为限制因子。

1.1.3 不同环境因子对昆虫作用的特征

不同环境因子在数量、强度、频率、方式、持续时间等方面的变化，都会对生物产生不同影响。这种影响或作用表现为：一是作为生物生命活动的原料(能源和物源)；二是作为生命活动的调节物。不同环境因子与昆虫的生活、生存和种群数量消长都有十分密切的关系，其对昆虫的作用具有一些共同特征。

(1) 综合性

生活于环境中的生物必然受到环境各因子的综合作用。生物的生长、繁殖需要能量和各种必需的环境物质(如光、水、营养物质等)，需要生态因子作为生命活动的调节物(如温度、水等)。任何一种生态因子都不可能孤立地对生物发挥作用，如光、温度、湿度、营养物质等生物生活不可缺少和不可替代的因子，称为生物生存条件。另外，生物在其生活环境中，无论是必需的或非必需的生态因子都会对生物产生影响，如酸雨、空气污染物等。生物总是受到环境中各种生态因子的综合作用。

(2) 不等性

主导因子是指对生物的生存和发展起限制作用的生态因子。在自然界，任何生物体总是同时受许多因子的影响，每一因子都不是孤立地对生物体起作用，而是许多因子共同起作用。生物总是生活在多种生态因子交织成的复杂网络之中。但在任何具体生态关系中，在一定情况下某个因子可能起的作用最大。这时，生物体的生存和发展主要受这一因子限制，这就是限制因子。例如，长江流域的 1500 mm 年降水量区域是富饶的农林地带，而在同样是 1500 mm 年降水量区域的海南岛的临高、澄迈等地，却呈现出荒芜的热带草原。这就是由于温度的变化，使两地形成了完全不同的植被类型。

(3) 补偿性

自然界中，当某个或某些因子在量上不能满足生物需要时，势必引起生物营养贫乏，生长发育受阻。但是，在一定条件下，某一生态因子量上的不足，可由其他生态因子加以补偿而获得相似的生态效应，这就是生态因子间的补偿性。如植物进行光合作用时，如果光照不足，可以通过增加二氧化碳量来补偿。

(4) 不可代替性

补偿作用不是没有限度的，它只能在一定范围内做部分补偿。不能通过某一因子量的调剂而取代其他因子，体现了生态因子的不可代替性，如生物生长、发育、生殖等生命活动离不开水。

(5) 限制性

一个生物或一个生物类群的生存和繁荣均与其所处的综合环境条件状况有密切关系，任何因子的过多或不足均会对生物的生长发育产生不利影响，且同一种环境因子在不同条件下所起的限制作用也不一样。例如，在陆生环境中氧的含量很丰富，变动较小，一般均能满足昆虫的生活需要，故氧对陆生昆虫一般不起限制作用；然而，水中的溶氧量含量较少，而且受其他因子的影响含量变化较大，对水生生物来说，溶解氧含量常成为限制其分布或数量消长的限制因子。因此，在研究水生生物时经常要使用溶氧测定仪。

(6) 阶段性

每一生态因子或彼此关联的若干因子的结合，对同一生物的各个不同发育阶段所起的生态作用是不同的。昆虫在生长发育的不同阶段，对生态因子有不同的需求，如光周期对滞育性昆虫的作用。

1.2　温度对昆虫的影响

昆虫是变温动物，调节体温的能力不强，生命活动所需要的热量除利用新陈代谢产生的化学能外，主要依靠吸收太阳辐射热，因此，外界温度的变化与虫体的代谢水平和发育速率直接相关。由于气候带间温度的差异、各昆虫种类生存的适温范围也不同，因而温度也是决定昆虫地理分布范围的重要条件。

1.2.1　昆虫热能的获得、散失和调节

昆虫是以停止生长发育的形式(停育或滞育)越夏和越冬的。个体及种群所处的发育阶段、生理状态、栖息环境中的其他因素不同，其对温度变化的适应能力也不同。正常季节出现持续时间较长的气温突然升高或降低对昆虫有很强的致死作用。

(1) 昆虫热能的获得

昆虫属于变温动物或外温动物，其进行生命活动所需的热能主要源自太阳的辐射热，

其次是由本身代谢所产生的热能(代谢热),但在很大程度上取决于周围环境的温度。

(2) 昆虫热能的散失

昆虫体积小、表面积大,热能散失的主要途径是伴随着水分的蒸发散失以及向体外传导和辐射热能。

昆虫在休眠和静止时,体温与环境温度接近;但在活动时,体温升高,同时心脏收缩随之增速。当气温为 17~20 ℃时,飞翔的蝗虫体温在 30~37 ℃,静止时其体温与环境温度相近。

(3) 热能的调节

昆虫保持和调节体温的能力不强,环境温度的变化对昆虫体温变化存在直接影响;但昆虫也有一定的适应能力,它们可以通过水分蒸发强度和改变行为来调节体温。

昆虫在温度较低的情况下,由于产生代谢热,其体温略高于气温;在温度较高的情况下,由于虫体内水分蒸发而散热,其体温略低于气温。例如,松毛虫 5 龄幼虫自 25 ℃移至 11.8 ℃时,体温迅速下降至 14 ℃,以后下降的速度即较缓,暂时维持在 13.8 ℃;而自 25 ℃移至 27 ℃时,其体温迅速上升,当接近 27 ℃时,上升速度又减慢,只有在强烈活动时,因大量吸氧,异化作用强,产生热量大,体温才能达到或高于 27 ℃。草地螟幼虫在 12 ℃、6 ℃和 0 ℃时,1 h 需要氧气量分别为 206 mm³、170 mm³ 和 107 mm³。

昆虫也可通过改变行为来调节体温。蜜蜂在初冬温度降到 14 ℃时,在蜂房内的蜜蜂密集成团,这样可使体温保持在 24~25 ℃。外界温度越低,蜂群越密集,借以度过寒冬;而当夏季高温时,工蜂则通过振翅通风使蜂房温度下降。有的昆虫还可以通过选择适宜的场所调节体温,如一些蝗虫在中午温度高时,常将身体直向太阳,而上午或下午温度较低时,则将身体横向太阳;蛴螬、蝼蛄等地下害虫在冬季来临时下移至温度较高的土壤深层过冬;异色瓢虫在冬季则成群迁到山区岩石缝洞中过冬;七星瓢虫在夏季高温时则向山上凉爽处转移。

1.2.2 温度对昆虫发育的影响

昆虫只有在一定的温度范围内才能进行正常的生长发育,超过这一范围(过高或过低)其生长发育就会停滞,甚至死亡。适合某昆虫生存的温度范围称为温区,为了便于说明温度在昆虫生命活动的作用,可以假定把温度范围划分为 5 个温区,以说明在这些温区内生命活动的特点(图 1-1)。

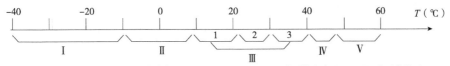

Ⅰ.致死低温区;Ⅱ.亚致死停育低温区;Ⅲ.适温区;Ⅳ.亚致死停育高温区;Ⅴ.致死高温区。

图 1-1 根据温度对温带地区昆虫的影响划分的 5 个温区(−40~60 ℃)

昆虫生长发育的基础是新陈代谢,它是由一系列生物化学反应构成的,而这一系列反应又是在各种酶和激素的作用下进行。温度对昆虫发育速度的影响最为显著,平均温度是影响昆虫发生期的重要因素,在其有效温度范围内,温度升高可以提高酶和激素的活性,从而加快昆虫体内生化反应的速率,进而影响昆虫的发育速度,对成虫的生殖和寿命产生直接影响。在最适温范围(20~30℃)内,昆虫发育速度随着温度升高而加快。所以,昆虫的发育速率(V)与温度(T)成正比,而完成发育的时间(D)与温度成反比;在高适温范围(30~40℃)内,发育速率不随温度的升高而加快,一般保持不变;在低适温范围(8~20℃)内,发育速率呈缓坡式增大。以落叶松叶蜂雌虫为例,它的产卵率与温度的关系见表1-1。

表1-1 落叶松叶蜂雌虫产卵率与温度的关系

温度(℃)	12.5	14.1	15.1	20.0	24.6
产卵粒数(粒)	13.29	17.67	29.09	44.44	65.00
产卵率(%)	18.16	24.15	39.15	60.73	88.82

注:单头雌虫平均抱卵73.18粒。

1.2.3 有效积温法则

温度与生物生长发育的关系比较集中地反映在温度对植物和变温动物(特别是昆虫)发育速率的影响上,昆虫发育速率与温度之间的关系可用有效积温法则来定量表示。

1.2.3.1 有效积温法则的概念

(1)积温

生物在生长发育过程中需从外界摄取一定的热量,完成某一发育阶段所摄入的总热量为一个常数,这个常数就是该发育阶段的积温,其公式为:

$$K = T \cdot N \tag{1-1}$$

式中 K——常数,总积温,d·℃;
    T——发育期间的平均温度,℃;
    N——发育历期,d。

(2)有效积温法则

有效积温是指昆虫完成某一发育阶段所需要的总热量,是一个常数,也可称热常数或总积温。由于变温动物的生长发育有一定的温度范围,低于某一温度时,生长发育便停滞,高于此温度时,生长发育才开始进行,这一温度阈值称为发育起点温度或生物学零点。所以,实际的发育总积温为每日平均温度减去发育起点温度后累加值,热常数法则应以有效积温计算和表示,其公式为:

$$K = N(T-C) \tag{1-2}$$

式中 K——常数,有效积温,d·℃;
    N——发育历期,d;
    T——发育期间的平均温度,℃;
    C——发育起点温度或最低有效温度,℃。

由式(1-2)推导得

$$T = C + K/N \tag{1-3}$$

设发育速率 $V = 1/N$,则

$$T = C + K(1/N) = C + VK \tag{1-4}$$

有效积温(K)和发育起点温度(C)确定后，可以推测一种昆虫在不同地区可能发生的世代数，估计昆虫在地理上可能分布的界限，预测害虫的发生期等。

①推测一种昆虫的地理分布界线和在不同地区可能发生的世代数。确定一种昆虫完成一个世代的有效积温(K)，根据气象资料，计算出某地对这种昆虫全年有效积温的总和(K_1)，两者相比，便可以推测该地区1年内可能发生的世代数(N)。

$$N = K_1/K \tag{1-5}$$

如果 $N<1$，意味着在该地全年有效积温总和不能满足该虫完成一个世代的积温，即该虫1年内不能完成一个世代。如果这种昆虫是1年发生多个世代的昆虫(不是多年发生一个世代的昆虫)，也将会成为地理分布的限制。例如，如果 $N=2$，该虫在当地1年可能发生2代；如果 $N=5.5$，该虫在当地1年内可能发生5~6代。

②预测和控制昆虫的发育期。例如，已知一种昆虫的发育起点温度(C)和有效积温(K)，则可在预测气温(T)的基础上预测下一发育期的出现。同样，可以调控昆虫的饲养温度，以便适时获得需要的虫期。

1.2.3.2 发育起点与有效积温的测定

(1) 发育起点

由于 $K = N(T-C)$，发育速率 $V = 1/N$，所以 $T = C + VK$。测得多组 T 和 V，用最小二乘法可求 K 和 C。

(2) 有效积温的测定

一般通过实验得出不同温度(T)时的相应发育速率(V)，然后推算求得 K 和 C 值。目前，常用的方法有人工恒温法、多级人工变温法和自然变温法。

①人工恒温法。在人工控制的恒温下，把待测昆虫饲养在5组以上的恒温箱内(温箱的灵敏度要求为±0.5℃)给以嗜食的新鲜食料，在适宜的温湿度下进行饲养，观察完成一代(或一阶段)所需的时间(历期)(表1-2)。

表1-2 不同恒温下的发育历期

温度(℃)	发育历期(d)	温度(℃)	发育历期(d)
T_1	D_1	T_4	D_4
T_2	D_2	T_5	D_5
T_3	D_3	T_6	D_6

②多级人工变温法。在人工气候室内模拟自然界气温的季节和昼夜变化饲养昆虫，以获得多组不同日平均气温下的发育历期。或在温箱内饲养，进行人工级跳式变温处理，即将供试昆虫每天经历6~10 h的较高的温度，而另外14~18 h则给予较低的温度，采用加权平均法求得其平均温度，从而获得多组处理在不同日平均温度下的发育历期。该方法的温度组合(试验次数 N)一般应在5次以上，并保持试虫相同的嗜食饲料条件。

③自然变温法。不需要恒温设备，将供试昆虫分期分批在自然条件下饲养，利用自然界季节性和昼夜的温度变化，从而获得在不同日平均的发育历期，试验次数10次以上。

此法获得的结果比较符合实际情况，但试验所需时间较长。

(3) 有效积温的计算

①两种温度组合下求 C 和 K。在第 1 种温度（T_1）与第 2 种温度（T_2）下饲养试虫，分别获得其发育历期 D_1 和 D_2，代入 $K=D(T-C)$ 得 $K=D_1(T_1-C)$，$K=D_2(T_2-C)$，解得：

$$C=\frac{D_2T_2-D_1T_1}{D_2-D_1} \tag{1-6}$$

$$K=\frac{D_1D_2(T_1-T_2)}{D_2-D_1} \tag{1-7}$$

例如，分别在 18 ℃ 和 25 ℃ 条件下孵化黏虫卵，其卵期分别为 9 d 和 3.5 d，求 C 和 K。

解：

$$C=(3.5\times25-9\times18)\div(3.5-9)=13.6\ ℃$$

$$K=3.5\times9(18-25)\div(3.5-9)=40.1\ d\cdot℃$$

②5 种或 5 种以上温度组合测定 K 和 C。

$$C=\frac{\sum V^2ET-\sum V\sum VT}{n\sum V^2-(\sum V)^2} \tag{1-8}$$

$$K=\frac{n\sum VT-\sum V\sum T}{n\sum V^2-(\sum V)^2} \tag{1-9}$$

最后用求得的理论值 C 代入 $T=C+KV$，$T=T'\pm S_C$。

恒温法：求得温度的理论值（T'）和其与温度实测值（T）之差的平方和，计算 C 的标准差（S_C），计算公式为：

$$S_C=\sqrt{\frac{\sum(T-T')^2}{n}} \tag{1-10}$$

变温法：由于实验取样计算的关系，有一定误差，因此要用以下方法计算 C 和 K 的标准差。计算公式为：

$$C=\frac{\sum V^2\cdot\sum T-\sum T\sum VT}{n\sum V^2-(\sum V)^2} \tag{1-11}$$

$$K=\frac{n\sum VT-\sum V\sum T}{n\sum V^2-(\sum V)^2} \tag{1-12}$$

进一步计算 C 和 K 的标准误差，即

$$S_C=\sqrt{\frac{\sum(T-T')^2}{n-2}\left(\frac{1}{n}+\frac{\overline{V^2}}{\sum(V-\overline{V})^2}\right)} \tag{1-13}$$

$$S_K=\sqrt{\frac{\sum(T-T')^2}{(n-2)\sum(V-\overline{V})^2}} \tag{1-14}$$

1.2.3.3 有效积温法则的应用

(1) 预测害虫和天敌的发生期

例如，7 月 10 日是深点食螨瓢虫产卵盛期，7 月中旬气象预报平均温度为 28 ℃，预

测其 1 龄幼虫的盛期（$K=58.06$ d·℃，$C=15.46$ ℃）。

解：已知 $K=N(T-C)$，$N=K/(T-C)=4.6$，即 5 d，故 7 月 15 日是 1 龄幼虫的盛期。

(2) 预测害虫和天敌的地理分布及其在某地 1 年发生的代数

以 K 代表某种昆虫发生 1 代所需要的有效总积温，K_1 代表当地全年的有效总积温，当 $K_1/K<1$ 时，这种昆虫就不能在该地发生；当 $K_1/K>1$ 时，K_1/K 的值即为可能分布和可能发生的代数。

例如，某地 1978 年 1~12 月的月平均气温分别为：-1.8 ℃、-0.4 ℃、6.1 ℃、14.6 ℃、20.0 ℃、25.4 ℃、26.4 ℃、26.3 ℃、20.4 ℃、14.2 ℃、6.3 ℃和 0.8 ℃。已知小地老虎完成 1 代需要的有效积温（K）为 504.47 d·℃，发育起点为 11.84 ℃，求该地 1 年发生代数。

解：$K_1=30\times(14.6-11.84)+31\times(20-11.84)+\cdots+31\times(14.2-11.84)=1972.1$ d·℃；代数为 $K_1/K=3.91$ 代，即 4 代。

(3) 利用有效积温保存天敌和确定释放天敌适期

例如，已知玉米螟赤眼蜂全代的发育起点温度为 5 ℃，完成一代需求的有效积温为 235 d·℃，故选择保存温度应在 5 ℃以下。如果预测 5 月 20 日到 6 月 2 日（即 13 d 后）是玉米螟越冬代成虫的产卵适期，求在何种温度下繁蜂，可不误在 6 月 2 日适期放蜂？

解：根据 $K=N(T-C)$，则有 $253=13\times(T-5)$，即 $T=23.08$ ℃。

(4) 选择和引进天敌

由于天敌的发育起点≈害虫的发育起点，所以引进天敌昆虫时应考虑天敌与害虫的发育起点是否一致。如吹绵蚧与其天敌澳洲瓢虫的发育始点分别为 0 ℃和 9.0 ℃，故引进这种天敌时，应人工饲养释放才能实现控害效果。

1.2.3.4 有效积温法则的局限性

①昆虫的发育速率除受温度影响外，还受食物和湿度的影响。平均温度是昆虫生长发育速率的重要影响因素，有时甚至是主要因素，所以一般只有在温度对该虫的发育速率起主导作用时，利用有效积温法则预测其发生期才准确。

②有效积温法则是以温度与发育速率呈直线关系为前提，即有效积温法则是建立在温度升高、昆虫发育速率加快的基础上。此法在最适温度范围内准确性高，而在适温范围外则准确性较低。

③发育起点温度与有效积温是在定温下得到的数据，与自然变温条件下不同，在一定的变温条件下昆虫的发育速率往往比相应的恒温条件快。如实验室为定温，但自然界为变温，两者产生的影响不同。

④注意昆虫实际环境的小气候。气象站的气象资料是在百叶箱内测定的，与昆虫生活环境的小气候存在差异，有条件的预报站应建立测报对象所处环境的小气候温度与平均气温的相关回归方程。

⑤不同地理种群昆虫的发育起点温度不完全相同。

⑥无法用于某些存在滞育和迁飞性昆虫的世代数计算。有效积温法则对 1 年严格发生 1 代、2 代或多年完成 1 代，以及在本地不能过冬的迁飞性昆虫不适用。

1.2.4 极端温度对昆虫存活的影响

在季节变化明显的温带地区，高（低）温对昆虫存活的影响很大，是昆虫种群数量变动的重要因素。温度对昆虫生存的影响表现为当外界温度超过某种昆虫有效积温范围时，常表现为生活失常甚至死亡，在适温区内则生活正常、生存率高。

1.2.4.1 高温致死效应和耐热性

(1) 高温对昆虫发育的影响

高温可抑制昆虫发育，对成虫影响较大。当外界环境温度高于某种昆虫的适温区时，昆虫逐渐呈热昏迷状态；当进入高温致死区，在短时间内即会引起昆虫死亡。夏季高温出现的强度和持续时间会导致昆虫死亡率的差异，在39~54 ℃高温时多数昆虫种类都将被热死。

(2) 影响昆虫耐热性的因素

昆虫的耐热性常因种类或生活环境而异，例如，斜纹叶蛾在40 ℃高温下仍能正常发育，水蝇科幼虫能忍受55~60 ℃高温。同一种昆虫不同虫态对高温的反应也不相同，例如，小地老虎幼虫期在平均温度28.33 ℃、日最高温度35 ℃时，存活率达82.5%；而在蛹期，当日平均温度26.66 ℃、日最高温度30 ℃时，蛹的存活率便降为55.88%。

高温可引起昆虫发育抑制、体重减轻、死亡增加等现象，而且还有一定的后遗作用，即当时虽从表面上看不出对昆虫有何影响，但在其以后的虫期中却表现出来，尤其会引起成虫羽化不健全、翅不能正常展开或者生殖腺的发育受到抑制而造成不孕等现象。

(3) 昆虫高温致死的原因

在害虫发生预测中，不但应注意日平均温度的变化，而且要分析日最高温度对昆虫的致死效应。

①高温引起昆虫体内水分过量蒸发致死。蒸发是昆虫遇高温时用以调节体温的主要方式，当温度升高时，代谢加快，昆虫气门开放时间长，增加了体内水分的蒸发量，从而使体温下降，耐热性增强。高温对昆虫的致死效应与水分关系密切，包括体内含水量和当时的取食补充体内水分，也包括外界空气湿度条件。

②高温引起蛋白质凝固，蛋白质结构破坏而变性，特别是使一些酶蛋白的活性降低或丧失，从而导致昆虫致死。

③高温抑制酶、激素的活性，引起昆虫酶系统或细胞线粒体破坏而死亡。

④高温引起昆虫神经系统麻痹。

⑤高温在不同程度上引起昆虫各种生理过程的不协调。例如，高温引起昆虫呼吸器官不能保证氧气的供应；高温引起昆虫排泄机能受阻，不能排除更多的代谢废物而引起昆虫中毒。

(4) 高温致死效应的应用

人们常利用高温对昆虫的致死效应来防治害虫。例如，贮粮害虫一般不耐40 ℃以上的高温，在炎夏中午晒粮，可以杀死麦蛾等贮粮害虫；温汤浸种可杀死蚕豆象、绿豆象等害虫。

(5)昆虫对高温逆境的适应

昆虫对高温逆境的适应与热休克蛋白(heat shock protein,HSP)的诱发合成与过量表达密切相关。热休克蛋白一般有3族,第1族为HSP 90;第2族为HSP 70;第3族为小型HSP,包括HSP 20~HSP 28。康乐等(2007)分别对斑潜蝇和东亚飞蝗(*Locusta migratoria manilensis*)的HSP进行了大量的系统研究,发现美洲斑潜蝇(*Liriomyza sativae*)和南美斑潜蝇(*Liriomyza huidobrensis*)的耐热性与自然地理分布的差异和HSP家族的表达差异有关。他们还发现东亚飞蝗6个HSP基因在群居型东亚飞蝗中的表达量显著高于散居型,可见种群密度及其带来的对昆虫耐热性的影响也是与HSP相关的。

1.2.4.2 低温致死效应和昆虫的耐寒性

(1)过冷却现象

一般水在0℃时开始结冰,但植物或昆虫的组织液可以承受0℃以下的低温而不结冰,这种现象称为过冷却现象(supercooled phenomenon)。当虫体温度随环境温度下降至0℃以下某一温度 T_1 时,虫体的体温突然上升并接近于0℃,而后昆虫体温继续下降至与环境温度相同的 T_2 时结冰,则 T_1 为过冷却点(under cooling point), T_2 为体液的冰点。

实验:苏联物理学家巴赫梅捷耶夫于1989年用电偶法测定大戟天蛾蛹的结冰点。

方法:从室温取昆虫(大戟天蛾蛹)置于-20℃下用热电偶温度计测定昆虫的体温变化。

现象:昆虫的体温持续下降,当体温降到0℃以下时,体液不结冰,但当体温降至一定低温(-12℃)时,昆虫体液开始结冰,同时释放热量,此时体温复升,这一温度称为过冷却点。但体温只能升至接近0℃,而后又慢慢下降。图1-2为昆虫体温随环境温度变化的过程。

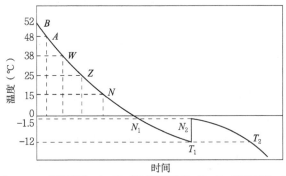

B:热致死;$B—A$:高温昏迷;$A—W$:暂时高温昏迷;$W—Z$:高适温区;$Z—N$:低适温区;$N—N_1$:低温昏迷;N_1:开始进入过冷却点;T_1:过冷却点;N_2:体液冰点;T_2:冻结点。

图1-2 昆虫体温随环境温度变化

(2)影响昆虫耐寒性的因素

①不同发育阶段和龄期耐寒性不同。同一种昆虫的不同虫期或虫龄的耐寒性是不相同的。如在9月采回3~5龄的玉米螟幼虫,测定其过冷却点分别为-8℃、-107℃和-19~-16℃,以5龄幼虫抗寒性最强;黏虫的幼虫、蛹和成虫的过冷却点分别为(-3.2±0.17)℃、(7.5±1.51)℃和(-5.9±0.95)℃,以蛹和成虫的耐寒性较强。

②昆虫的生理状态不同耐寒性不同。昆虫的生理状态是指体内水分、脂肪、糖类物质的含量和状态。例如,棉红铃虫越冬幼虫的耐寒性与体内含水量相关,体内水分含量越低,其过冷却点和结冰点越低(表1-3)。

表 1-3　越冬棉红铃虫的耐寒力与虫体内含水量的关系

虫体含水量(%)	过冷却点(℃)	结冰点(℃)
50~55	-17.50	-10.20
5.1~60	-15.00	-8.36
60.1~65	-15.50	-8.90
65.1~70	-12.70	-5.59
平均	-15.37	-8.74

③同一发育阶段在不同的季节内耐寒性不同。同一发育阶段的虫体在不同季节内耐寒性不同。一般一定虫态或虫龄的个体过冷却点常随气温的降低而降低，即耐寒性随之增强。如玉米螟 5 龄幼虫随秋季的来临，其过冷却点逐渐下降（表 1-4）。

表 1-4　玉米螟 5 龄幼虫过冷却点的季节性变化

测定日期	虫体含水量(%)	平均过冷却点(℃)
7 月 13 日	63.5	-14.6±0.55
8 月 17 日	53.0	-11.5±0.11
9 月 6 日	58.6	-16.1±0.87
9 月 13 日	55.4	-16.2±1.65
10 月 8 日	54.8	-18.9±0.98
10 月 23 日	52.7	-22.0±0.96

(3) 昆虫低温致死的原因

低温致死昆虫包括 0 ℃以上的低温致死和 0 ℃以下的低温致死两种，具体原因如下：

①0 ℃以上的低温下致死作用。当温度下降时，虫体内各代谢系统的下降速率并不一致，体内养分过分消耗，长期不能恢复，因而加重了对某一物质的代谢消耗致使代谢失调而死亡。

②0 ℃以下的低温下致死作用。低温导致代谢消耗与生理失调、体液结冰，使细胞内的原生质失水、质膜分离，有机体脱水；体液结冰的机械作用使细胞和组织破裂，破坏了细胞与组织的结构，进而导致昆虫死亡。

1.2.5　温度对昆虫繁殖的影响

昆虫的繁殖力在一定适温范围内随着温度的升高而增大，但繁殖的适温范围比发育适温范围要小。例如，小地老虎的发育适温范围为 8~35 ℃，产卵的适温范围为 15~22 ℃；稻蓟马的发育适温范围为 10~33 ℃，产卵的适温范围为 17~29 ℃。影响繁殖的温度主要作用在成虫期，而影响发育的温度主要作用在卵期、幼虫期、蛹期。

总之，在较低的温度下，虽然成虫寿命长，但性腺仍不能发育成熟，以致不能交配产卵或产卵量少。在过高的温度下，精子不易形成而失去活力，常常引起不孕，也影响交配产卵活动。在适宜温度下，一般成虫性成熟快、繁殖力大。

1.3 湿度和降雨对昆虫的影响

空气和土壤的湿度影响昆虫的生存与分布,昆虫也以各种方式适应生活环境的湿度变化。昆虫也有适宜湿度范围和不适宜湿度范围,甚至有致死湿度范围,但不像温度因子那样明显,一般适宜湿度范围比较宽。昆虫对环境水分差异的适应性导致昆虫在陆地上呈地带性分布。

1.3.1 水的生态作用

水是昆虫生存的重要条件,昆虫体内的含水量一般为自身体重的45%~92%。昆虫和其他生物一样,都需要一定的水分来维持其正常的生命活动,体内的各种生化反应都是在溶液或胶体状态下进行的。水是良好的溶剂,对许多化合物都有水解和电离作用,许多化学元素都是在水溶液中被生物吸收并参与生命运转。水是生物新陈代谢的直接参与者,无水也就无原生质的生命活动。因此,当外界环境影响昆虫体内水分调节使之失去平衡时,便可引起昆虫发育、繁殖和生存等方面不同程度的反常表现。昆虫体内水分的平衡是通过水分的获取和散失来调节的。

(1) 水分的获取

昆虫获取水分的方式主要有以下几种。

①从食物和饮水中获取水分。这是昆虫的主要取水方式,如蜜蜂需要经常饮水。

②利用代谢水。从昆虫自身生物氧化过程中获得水分,如1 g脂肪完全氧化可产生1.07 g水,糖和蛋白质在氧化过程中也能产生水。

③通过体壁或卵壳吸收水分。水生昆虫主要依靠体壁吸水,在脱离水环境后极易死亡;钻蛀性昆虫、土栖昆虫以及必须在土中发育的虫态或有钻蛀性生活期的虫态,要求具有100%的空气相对湿度;裸露生活在植物上的昆虫,对湿度有一定的要求范围。

(2) 水分的散失

昆虫体内水分的散失主要通过排泄方式,也可通过体壁、气门及节间膜处蒸发。在昆虫变态过程中,如孵化、蜕皮、化蛹和羽化时都大量失水,此时如果天气干旱,空气或土壤湿度过低,就会导致昆虫失水过多,往往使昆虫发育不良、羽化不健全或羽化后生殖能力降低,甚至引起死亡。玉米螟卵在干旱时,胚胎发育虽已完成,但也不能孵化。

1.3.2 湿度对昆虫的影响

湿度既可直接影响昆虫的生长、发育、繁殖和生存,也可通过食物和天敌间接对昆虫产生影响。

(1) 直接影响

一般湿度过低、过高都可抑制昆虫的新陈代谢而使其发育延迟。例如,小地老虎幼虫在不同土壤含水量条件下发育历期和死亡率均有不同:在土壤含水量为30%~70%时其发育历期基本相同,死亡率低;土壤含水量为90%时对其生存不利,发育历期延长,死亡率升高。小地老虎卵期若温度适宜,相对湿度在0~100%对其发育和生存基本无影响;大地老虎卵期在25 ℃、相对湿度70%时,发育和生存最适宜,湿度过高或过低都能使其发育延迟，湿度降低时死亡率升高；黄地老虎各虫态在20~30℃时，湿度对其影响不显著。

(2) 间接影响

干旱可使寄主植物体内水解酶含量升高，促使其可溶性糖类的浓度提高，从而有利于害虫的营养代谢和繁殖。如山东莱阳等地为害花生、苕子的苜蓿蚜(Aphis medicaginis)大发生的主要因素是5月下旬到6月中旬的大气湿度。当相对湿度为60%~70%时，都有利于苜蓿蚜发育繁殖，为害严重；当相对湿度在80%以上或低于50%时，则湿度对苜蓿蚜有明显的抑制作用，为害较轻。但棉绿盲蝽则相反，如果在6月到7月中旬雨量大，有利于该虫卵的孵化，为害较重。可见湿度对昆虫发育和存活的影响因昆虫种类和虫态(龄期)而有所不同的。

1.3.3 降雨对昆虫的影响

降雨不仅能够提高空气和土壤湿度，而且影响昆虫的生长、发育、生存和繁殖。同一地区不同年份或季节内降雨的日期、次数、强度等变动较大，对昆虫的影响也不尽相同，具体表现在以下方面：

①降雨直接影响大气的湿度和土壤的含水量，间接对昆虫的生长和发育产生作用。

②降雨对昆虫的直接作用取决于其强度、频率和持续时间。

③大雨或暴雨对蚜虫、粉虱、飞虱等小型昆虫和螨类以及昆虫初孵幼虫和卵起到冲刷、黏着等机械致死作用。

④适时的降雨常促使虫卵的整齐发育而导致种群的增长，冬季降雨可引起许多越冬昆虫死亡，但降雪则可提高其存活率。

1.3.4 昆虫的生态适应机制

昆虫体内环境(体温、含水量)受外界环境影响极大，它们通过改变水分的获取和散失机制来维持体内水分平衡。昆虫具有以下3种维持体内水分平衡的生态适应机制。

①形态结构的适应。昆虫的体壁含有几丁质，能够防止水分过量蒸发。

②生理学适应。昆虫排泄时不以水溶性的尿素状态排出体外，而是通过马氏管将尿素转变为固体的尿酸，其不溶于水，从而防止水分过量散失。

③行为学适应。昆虫为了减少水分散失，形成了对干燥陆生环境的生态适应，如钻洞、昼夜周期性活动、休眠等习性。

1.4 光对昆虫的影响

光对昆虫来说，虽然不是一种生存条件，但是具有信号作用。光照一方面直接或间接供给昆虫生长所需的能量；另一方面光直接和间接地刺激、诱导和调控昆虫的发育。光因素中包括光的性质(波长)、光照强度和光周期等。与昆虫生活有关的光因素主要是光的波长和光照强度。

1.4.1 光波长对昆虫的影响

光是一种电磁波，由于波长不同，显示各种不同的性质，表现各种不同的颜色。昆虫可见光的波长范围与人不同。人眼可见光的波长范围在 390~770 nm，对红色最为敏感，对紫外线(40~390 nm)和红外线(770~1000 nm)均不可见；昆虫可见光的波长范围在 250~700 nm，对紫外线敏感，而对红外线不可见，如蜜蜂可见波长范围为 297~650 nm，果蝇甚至可见波长 257 nm 的光。

趋光性是指某些昆虫对光刺激产生定向运动的行为习性。趋向光源运动的为正趋光性，背离光源运动的为负趋光性。昆虫的趋光性与光的波长关系密切。许多昆虫都具有不同程度的趋光性，并对光的波长具有选择性。一些夜间活动的昆虫对紫外线最敏感，如棉红铃虫对 365~400 nm 的光趋性最强，棉铃虫和烟青虫对 330 nm 的光趋性最强。

植物花色与叶色也能引起昆虫趋性的差异。蚜虫对粉红色有正趋性，对银白色、黑色有负趋性，故可利用银灰色塑料薄膜等隔行铺于作物、蔬菜等行间，以忌避防治蚜虫为害。黄色对蚜虫的飞行活动有突然抑制作用，类似某些物理刺激而引起昆虫的假死性，据此可利用"黄皿诱蚜"进行测报和"黄板诱蚜"进行防治。

1.4.2 光强度对昆虫的影响

光的强度是指光的亮度或照度。光强度的单位常用勒克斯(lx)表示。光强度主要影响昆虫的昼夜活动节律和行为，如交配、产卵、取食、栖息等。按照昆虫生活与光强度的关系(其中温度也有一定影响)，可将其昼夜活动习性分为 4 大类。

①白昼活动型。如双翅目中蝇类、鳞翅目蝶类、同翅目中蚜虫等。
②夜间活动型。如许多鳞翅目夜蛾科幼虫、鞘翅目金龟甲科、某些叶甲科成虫等。
③黄昏活动型。如小麦吸浆虫、蚊等。
④昼夜活动型。如某些天蛾科、天蚕蛾成虫，以及家蚕、柞蚕幼虫等。

上述 4 类昆虫在活动期内，由于光强度的不同，各自的活动情况也不尽相同。如小麦吸浆虫主要在暗(弱)光(小于 1 lx)时活动；蚊多在 0.5~1.5 lx 时活动，强光和完全黑暗时活动较少；夜间活动的一些蛾类，多自傍晚开始交配、产卵，暗光是产卵的必要条件；许多蛾类在黑夜扑灯最多，有云的月夜次之，强月光下最少。松毛虫幼虫主要在白昼取食，每小时约取食 17.7 min，而在夜晚每小时只取食 4.2 min；柞蚕幼虫白昼与夜晚取食的时间相似，前者每小时约取食 24.5 min，后者约 23.2 min。有翅蚜在黑暗中不起飞，每天上午和下午出现两次起飞高峰，中午光强度超过 10 000 lx 时，对其起飞有抑制作用；在无风的情况下，光源对蚜虫的迁飞有一定的导向作用。

光强度与昆虫活动的关系不仅因昆虫种类而异，而且同种昆虫的不同发育阶段也有所不同。如家蚕成虫主要在白天交配，但在暗光下产卵最多，强光有抑制产卵的作用；其幼虫则昼夜均可取食。

1.4.3 光周期对昆虫的影响

自然界的光照有日和年的周期变化，即有光周期的日变化和年变化(季节变化)。昆虫适应光周期变化所产生的各种反应，称为光周期反应或光周期现象。许多昆虫的地理分布、形态特征、年生活史、滞育特性、行为，以及季节性多型现象等，都与光周期的变化有着密切关系。主要表现在以下方面：

①光周期是诱导昆虫的主要环境因素。光周期对昆虫体内色素变化有影响，如菜粉蝶蛹在长日照下呈绿色，在短日照下则呈褐色；光周期对一些迁飞性昆虫行为有影响，如夏季长日照和高温引起稻纵卷叶螟向北迁飞，秋季短日照和低温引起其向南迁飞。

②光周期对蚜虫季节性多型起着重要作用。如豌豆蚜(*Acyrhosiphum pisum*)若虫期在短日照(每日8 h光照)、温度20 ℃时，产生有性繁殖后代；而在长日照(每日16 h光照)、温度25~26 ℃或29~30 ℃，产生无性繁殖后代。棉蚜在短日照结合低温、食物不适宜的条件下，不仅诱导其产生有翅型，而且产生有性蚜，交配产卵越冬。

昆虫对光周期变化的反应主要呈现以下特点：不同种类的昆虫滞育时对光周期的要求明显不同；同一种昆虫分布于温度的不同纬度地区，所要求的临界光周期也不同；低纬度地区的昆虫对光周期的反应常不明显。

1.5 土壤环境对昆虫的影响

土壤内有大量终生栖息的昆虫，还有一部分在地面上生活的昆虫，但其生命的某一阶段又必须在土壤中度过。据调查，1 m² 麦田30 cm深土内，有73 000个无脊椎动物，其中6000个是昆虫；而同样面积的荒草地有8700个昆虫。昆虫的生活和土壤环境有十分密切的关系。据Buckle(1923)估计，98%以上的昆虫种类在它生命中的某一时期与土壤环境有密切的关系。昆虫和土壤环境的联系形式有以下3种类型。

①终生都生活在土壤中或仅个别时期生活在外面。除原尾目、弹尾目外，蝼蛄、金针虫、麦根蝽、土居白蚁等也属于此种类型。

②部分生活史阶段在地面上生活，昆虫个体某一发育阶段或在一定季节内必须在土壤内度过。这类昆虫很多，有的是产卵于土内或土面，如蝗虫、蛴螬；有的是在土中化蛹，如棉铃虫、黏虫、地老虎、大豆食心虫等；还有的是在土中越冬、越夏，如小麦吸浆虫等。

③大部分生活史阶段均在土壤表面度过，仅有窝穴在地下。蚁类、鳞翅目夜蛾科、天蛾科或膜翅目的许多种类均属于此种类型，其幼虫、蛹都在土穴中发育。

不同土壤类型，通过土壤气候(土壤温度、空气和水分变化)、土壤理化性质及土壤中的生物群落的相互作用，对昆虫的分布与种群消长产生影响。

1.5.1 土壤温度对昆虫的影响

土壤的主要热源是太阳辐射，土壤的成分组成、颜色、结构、坡度坡向、植被状况等都对土温的变化有影响，从而也影响昆虫的分布状况和活动习性。如在土壤中产卵的昆虫，选择的产卵地点往往同土温有密切关系。亚洲飞蝗经常选择在向南倾斜的沙土地产卵，因为这些地方受热量大。土壤环境又是昆虫及其他变温动物避免环境温度剧烈变化的优良栖息场所，很多昆虫在土壤里越冬、越夏就是例证。因此，利用冬耕，将越冬害虫翻出地面，把害虫冻死或消灭，是一项有效的农业害虫防治措施。

土壤温度变化对土栖昆虫的潜土深度或垂直迁移有直接影响。一般在秋季气温渐降时，昆虫要向土壤深层迁移，气温越低，潜土越深；春季转暖时，越冬昆虫复苏渐向上迁移；在夏季炎热时，也有些土栖昆虫向土下潜伏，夏末秋初又向上面耕作层移动。因此，在我国黄淮旱作地区，出现春秋两季为害现象，即是蛴螬、金针虫等地下害虫在土壤中垂直迁移和为害的结果。

在我国北方，华北蝼蛄在土中垂直迁移和为害麦类、旱粮作物的时期与土壤温度有十分密切的关系。当土温在8℃以上时，该虫开始活动；土温13~26℃时，活动于25 cm以上表土中；土表遇26℃以上高温，又向下迁移。这表明掌握土栖昆虫上升开始为害或下移停止取食的临界温度，对于抓住时机处理土壤或采取其他措施防治土栖昆虫为害十分重要。

1.5.2 土壤水分对昆虫的影响

与地面环境不同，土壤中不仅存在气态水，还存在液态水。土壤含水量对昆虫的影响相当大，如许多昆虫在卵发育阶段和蛹羽化阶段需要从周围环境中吸收水分。例如，陕西武功的棕色金龟甲(*Rhizotrogus* sp.)的卵，在土壤含水量为5%时，全部干缩而死；在10%时部分干缩而死；在15%~30%时均能孵化；超过40%时则易被病菌寄生而死亡，孵化出来的幼虫不能在含水量30%以上的土壤中生活，因为这时土壤已成浆状。小麦吸浆虫幼虫化蛹和蛹羽化为成虫出土，都需要一定的土壤含水量。在干旱时虽然成虫已发育完成但也不能出土，所以常是雨后集中大量羽化。在这种情况下，降雨就成了预测发生期的生态指标。

棉铃虫幼虫是在土中做土室化蛹，成虫羽化后钻出土面，因而土壤含水量对蛹的死亡率和成虫的羽化率影响很大。从室内模拟人工降雨的试验结果看，土壤含水量对棉铃虫蛹期的影响是显著的(表1-5)。从表1-5可见，土壤含水量主要影响棉铃虫蛹在土壤中的死亡率和成虫的羽化率，对入土化蛹影响较小。土壤相对含水量越大，蛹的死亡率越高，其中降雨对入土后3 d(已做好土室化蛹)的幼虫影响最显著，即使土壤相对含水量为40%，正常羽化率也只有50%。田间调查发现，在棉铃虫化蛹盛期的多雨年份，成虫羽化数量显著减少。近些年来，各地已将其化蛹盛期的雨量作为预测棉铃虫下代发生量的重要气象指标。降雨对大豆豆荚螟和小地老虎等在化蛹期的影响与棉铃虫类似。

表1-5 土壤相对含水量对棉铃虫化蛹羽化的影响

降水情况	土壤相对含水量(%)	处理虫数(头)	化蛹率(%)	正常羽化率(%)	死亡率(%)	羽化后不能出土率(%)	羽化后出土展翅不全率(%)
幼虫入土前降雨，土壤水分维持到羽化结束	0	15	100	66.6	6.8	0	26.6
	20	15	100	80.0	20.0	0	0
	40	15	100	86.0	6.8	0	6.6
	60	15	100	60.0	6.7	13.3	20.0
	70	15	100	46.0	6.8	0	46.6
	80	15	100	26.7	60.0*	0	133.0
	100	15	6.6	0	93.4*	0	0

(续)

降水情况	土壤相对含水量（%）	处理虫数（头）	化蛹率（%）	正常羽化率（%）	死亡率（%）	羽化后不能出土率（%）	羽化后出土展翅不全率（%）
幼虫入土后 3 d 降雨，土壤水分维持到羽化结束	40	14	100	50	35.7	0	14.3
	60	15	100	33.3	6.8	33.3	26.6
	70	15	100	33.3	46.7	20.0	0
	80	15	100	33.3	33.4	20.0	13.3
	100	15	100	0	100.00	0	0

注：＊指包括幼虫和蛹的死亡率；引自张孝羲，1981。

值得注意的是，土壤含水量对昆虫的影响常因土壤的理化性质而异。例如，适于东亚飞蝗产卵的土壤含水量，黏土为 18%~20%，壤土为 15%~18%，持水力最差的砂土低至 10%仍属适宜范围。

1.5.3 土壤空气对昆虫的影响

土壤空气来源于大气，但又不同于大气。因为土壤中有一部分气体是由土壤中所进行的生化过程产生的。由于土壤生物的呼吸作用和有机物的分解，不断消耗氧和释放二氧化碳，所以土壤空气中氧和二氧化碳的含量与大气有较大差别：二氧化碳浓度相对较高，氧含量相对较低。

低等昆虫是通过体表直接进行气体交换。如无气管的原尾目和弹尾目昆虫，以皮肤进行呼吸；有气管的大蚊和叩甲科的昆虫，以体表和角质膜交换气体。土栖昆虫能主动迁移以选择适宜的呼吸条件，当土壤中水分过多，通气不良时，迁移至空气含量高的土壤表层；当土壤表层蒸发干旱而不利于皮肤呼吸时，又迁移至土壤深处。

在土壤中化蛹的昆虫，常结一土茧，以解决土壤中水和空气的矛盾，这样既有利于保持湿润环境又有通气条件。然而，一旦土茧破碎或落水，蛹则窒息而死。

1.5.4 土壤理化性质对昆虫的影响

土壤的理化性质包括土壤成分组成、土粒大小、紧密度、透气性、团粒构造，以及含盐量、有机质含量和土壤酸碱度等性状。具有不同理化性质的土壤，不但影响植物的生长，而且影响地下和地面昆虫的种类及数量。

一些地下害虫的地理分布与土壤的性质有很大关系，例如，华北蝼蛄主要分布在南方土壤较黏重的地区。在土壤中产卵的昆虫，对土壤的物理性质有一定要求，如芫菁蝇（*Phorbia brassicae*）、日本金龟甲（*Popillia japonica*）常选择沙壤土产卵，越疏松的土壤其产卵深度越深。土壤的化学性质，如土壤内矿物质含量，以及二氧化碳、氨气、氢离子浓度（即土壤 pH 值）等，均直接影响土中昆虫的生存。土壤含盐量是东亚飞蝗发生的重要限制因素。

1.6 天敌对昆虫的影响

昆虫在生长发育过程中,常由于其他生物的捕食或寄生而死亡,这些生物称为该昆虫的天敌。昆虫的天敌主要包括致病微生物、天敌昆虫和食虫动物3类,它们是影响昆虫种群数量变动的重要因素。

1.6.1 致病微生物

(1) 昆虫致病微生物的类群

在自然界中,昆虫可能遭受病毒、细菌、真菌、原生动物、立克次体和线虫的感染,可能导致发生流行病。有的致病微生物可能引起急性病,有的仅引起昆虫的慢性病。目前,已有数千种昆虫致病微生物被记载。

(2) 影响昆虫疾病流行的因素

昆虫疾病在昆虫种群中的发展和传播,依赖于病原、寄主和环境之间的相互作用,这些相互作用包含了许多复杂的变量。

①影响病原在寄主种群中传播能力的因素有两种:病原的毒力和感染力、病原存活能力。

②寄主对疾病流行的影响在于昆虫对于疾病的敏感性、昆虫种群密度及发育阶段。

③环境的温湿度、土壤理化性质、微生物及其他动植物等,都对疾病的流行发生影响。

④高温是诱发昆虫真菌疾病的重要环境条件。

1.6.2 天敌昆虫

天敌昆虫是指可寄生或捕食农林害虫,长期在农田、林区和牧场中抑制害虫为害和蔓延的昆虫,如螳螂、寄生蜂等。

(1) 捕食性天敌昆虫

捕食性天敌昆虫是指那些能够通过捕食来控制其他有害的节肢动物和软体动物中有害种类的昆虫。捕食性天敌昆虫的资源很丰富,隶属于10余目100多个科。蜻蜓目、螳螂目、脉翅目的昆虫全部是捕食性的;昆虫纲的其他目中有一些类群也是捕食性的,如半翅目、鞘翅目、膜翅目、双翅目、直翅目、革翅目、缨翅目、毛翅目、鳞翅目等。

天敌昆虫对于控制害虫发生具有显著作用。例如,异色瓢虫捕食高粱蚜(*Aphis sacchari*),其幼虫日食蚜量达120头,若以此量作为一个"天敌单位"来计算,当累计天敌单位占总蚜量的1%以上时,则完全可以控制蚜虫为害,无须施药防治。稻田中黑肩绿盲蝽成虫每头可捕食褐稻虱卵43粒或若虫30头,黑肩绿盲蝽若虫每头可捕食褐稻虱卵36粒或若虫16头,当田间黑肩绿盲蝽与褐稻虱虫口密度比例为1:(4~5)时,黑肩绿盲蝽可能控制褐稻虱的大发生。

(2) 寄生性天敌昆虫

寄生性天敌昆虫是指那些在某一发育阶段或终生寄生于其他昆虫或动物体内、体表、摄食寄主营养物质的昆虫。

寄生性天敌昆虫种类主要见于鞘翅目、鳞翅目、双翅目等，其中利用广泛的种类大都属于膜翅目和双翅目。最常见的有姬蜂、茧蜂、蚜茧蜂、大腿小蜂、蚜小蜂、金小蜂、赤眼蜂、平腹小蜂、缨小蜂等，其中赤眼蜂、金小蜂、蚜茧蜂、蚜小蜂在生产上发挥着重要作用，姬蜂、茧蜂、寄蝇等在农田的自然控制作用较强。

(3) 寄生性天敌昆虫和捕食性天敌昆虫的区别

寄生性天敌昆虫和捕食性天敌昆虫的区别主要表现在以下方面：

①完成个体发育所需的寄主数量不同。寄生性天敌可在1头寄主体内完成发育，如赤眼蜂产卵于寄主的卵内，可完成卵、幼虫和蛹的发育过程；而捕食性瓢虫的幼虫或成虫，均需捕食多头寄主，才能完成发育，例如，七星瓢虫幼虫期可捕食棉蚜80头，成虫期可捕食120头；大草蛉幼虫期可捕食棉蚜80头。

②天敌昆虫幼虫与成虫的食料不同。寄生性天敌昆虫幼虫与成虫的食料不完全相同，幼虫一般营寄生生活，以寄主为食；成虫营自由生活，以花蜜等为食。捕食性天敌昆虫的幼虫与成虫均属捕食性，食性相似。

③天敌昆虫与寄主躯体大小的关系不同。寄生性昆虫的身体常比寄主小，捕食性昆虫的身体常比猎物大。

④寄主受到攻击时的死亡速率不同。寄生性昆虫侵害寄主后，不会引起寄主立即死亡，寄生需待天敌昆虫成虫羽化或外出化蛹后才会死去；而捕食性昆虫侵袭猎物时，往往是立即杀死寄主。

1.6.3 食虫动物

捕食性天敌除上述昆虫纲的一些种类外，还有许多类群，较重要的有蛛形纲、鸟纲、两栖类动物等。

(1) 蛛形纲(Arachnida)

此纲中的蜘蛛目(Araneae)和蜱螨目(Acarina)有着许多农田益虫，如狼蛛科(Lycosidae)、肖蛸科(Tetragnathidae)、球腹蛛科(Theridiidae)、微蛛科(Micryphantidae)、蟹蛛科(Thomisidae)、管巢蛛科(Clubionidae)、跳蛛科(Salticidae)等，许多种类对农田害虫的控制能起很大的作用。

据报道，稻田飞虱或叶蝉与草间小黑蛛(*Erigonidium graminicolum*)的密度比在(4~5)∶1的条件下，或与水儿狼蛛(*Pirata* spp.)的密度比在(8~9)∶1的条件下，飞虱和叶蝉的种群均难以发展。

(2) 鸟纲(Aves)

鸟纲中捕食昆虫的种类较多，有的终生以昆虫为食，有的在育雏期捕捉昆虫供雏鸟取食。前者如啄木鸟(*Picus* spp.)、家燕(*Hirundo rustica*)等，后者如麻雀(*Passer montanus*)等。

(3) 两栖类

两栖类食虫动物主要是指蛙类，如泽蛙(*Fejervarya multistriata*)在稻田中捕食昆虫的能力较强；树蛙(*Hyla chinensis*)在丘陵山区是果园中捕食昆虫的重要种类。

1.7 食料植物对昆虫的影响

1.7.1 食性的分化

大约4亿年前，昆虫就生活在陆地上。在其历史演化过程中昆虫对食物形成了一定的选择性。据统计，在所有昆虫中，吃植物的占48.2%，吃腐烂物质的占17.3%，寄生性昆虫占2.4%，捕食性的占28%，其他都是杂食性的。昆虫食性的分化是昆虫与寄主间通过不断的相互改变和适应，协同进化的结果。

(1) 按食物的性质划分

①植食性昆虫。植食性昆虫是指以植物活体为食的昆虫，占昆虫种类总数的40%~50%，多见于弹尾目、等翅目、鞘翅目、双翅目、膜翅目、鳞翅目、直翅目、半翅目、缨翅目。根据它们口器和消化道构造和功能上的不同，可分为以完整植物器官组织为食和吸食汁液两大类。大多数农业害虫为植食性。

②肉食性昆虫。肉食性昆虫是指以其他动物为食物的昆虫，按其取食的方式可分为捕食性昆虫和寄生性昆虫两类，如瓢虫捕食蚜虫、赤眼蜂寄生三化螟卵等。绝大多数肉食性昆虫是益虫。

③腐食性昆虫。腐食性昆虫是指以动物的尸体、粪便、腐败植物为食物的昆虫，如苍蝇、蜣螂、蝇的幼虫(蛆)、蜗牛和地鳖等。

④杂食性昆虫。杂食性昆虫是指既可取食植物性食物又可取食动物性食物的昆虫。杂食性昆虫的种类很多，按主要虫态最适宜的活动场所来划分，杂食性昆虫大致可分为5类：在空中生活的杂食性昆虫；在地表生活的杂食性昆虫；在土壤中生活的杂食性昆虫；在水中生活的杂食性昆虫；寄生于寄主的杂食性昆虫。

(2) 按取食范围的广狭划分

①单食性。只取食一种食物，如三化螟只为害水稻，蚕豆象只为害蚕豆。

②寡食性。只取食一个科内或近缘的多种植物，如小菜蛾幼虫能够取食十字花科的39种蔬菜，蚕只吃桑叶、菜叶、柘叶、楮叶、榆叶、鸭葱、蒲公英和莴苣叶等。

③多食性。能够取食许多科植物，如棉铃虫能够取食不同科的200多种植物，玉米螟以100多种植物为食。

1.7.2 食料植物对昆虫的影响

每种昆虫都有其特殊的代谢形式，也都有适于其取食、消化和吸收的食物。食物的种类不同，对昆虫的营养效应也不同，同一种食物对不同昆虫的营养效应也是不同的。每种昆虫都有其特别喜好的食物种类，这些食物对昆虫的影响主要表现在发育速率、繁殖量和残死亡率3个方面。

①取食最嗜好植物的昆虫，发育速率加快、繁殖力高、死亡率低。

②不同虫态的昆虫也可能对食物的喜好程度不同。

③取食同一植物的不同器官，对昆虫的发育率影响也不一样。例如，棉铃虫幼虫取食棉花幼蕾，其发育天数缩至12 d，而取食叶子其发育天数延长为22 d。

1.7.3 食料植物选择的连锁反应

(1) 发展同步行为机制(生活周期、发育)

连锁反应分为以下 4 个阶段。

①取向定位。昆虫寻找食物和产卵场所时，首先要考虑植物的理化性质对其是吸引还是排斥。例如，十字花科植物叶片含有的芥子油糖苷对菜粉蝶、黄曲跳甲产卵和幼虫的取食有引诱作用；水稻等含草酸多的品种对稻飞虱有驱避作用。

②开始取食或产卵。昆虫主要利用味觉和触觉寻找取食和产卵部位。例如，玉米螟喜欢取食玉米含糖量高的部位(心叶期的心叶、抽穗后的雄穗)；雄穗枯后的雌穗和茎干含糖量高，是玉米螟为害的主要部位。

③定居或转移。昆虫依食物所含营养物质的成分、数量及田间小生境的适宜程度选择定居或转移。例如，褐飞虱在高抗品种上数量很少，是因为高抗品种草酸含量较高；蚜虫有翅蚜的产生与寄主植物体内含氮量低、含糖量增加关系密切。

④完成发育和繁殖。植物所含营养物质适宜于昆虫，其发育速率加快、繁殖量增加、死亡率降低；反之，如果植物含有有毒物质或营养成分不适宜于昆虫，则其发育速率就会减慢，甚至死亡。

(2) 寻找寄主与食物(链式过程)

昆虫在漫长的进化过程中形成了复杂的嗅觉系统，并以此感受环境中的信息化学物质，进而做出有利于自身生存和繁衍的行为反应，如寻找食物、求偶交配、定位寄主、躲避天敌等。昆虫的取食活动是其生理代谢的第一个环节，它与其他各种生理代谢活动组成了一个反馈链，故取食不仅是一个行为过程，同时也是一个生理过程。在取食过程中，昆虫的取食行为受其本身、寄主及环境等多种因素的影响。

昆虫的取食行为多样，但取食过程大致相似：植食性昆虫取食一般要经过兴奋、试探与选择、进食、清洁等过程；而捕食性昆虫取食的过程一般为兴奋、接近、试探和猛扑、麻醉猎物、进食、抛开猎物、清洁等过程。昆虫取食前，往往先对寄主进行试食，如具有刺吸式口器的蚜虫、叶蝉类昆虫会先把唾腺分泌液注入植物体以分解植物细胞壁，以保证取食过程中植物汁液的流通，如果昆虫试食这些植物后不适应，便会再转移到其他植物上继续取食；而一些咀嚼式口器的昆虫(如蝗螂)，则通过感受器探测后再取食。

(3) 取食机制与口器特化

①咀嚼式口器。咀嚼式口器由上唇、上颚、下颚、下唇和舌 5 部分组成。具有这种类型口器的昆虫往往具有发达而坚硬的上颚以嚼碎固体食物，以咀嚼植物或动物的固体组织为食；其危害容易造成各种形式的机械损伤。

②刺吸式口器。刺吸式口器是咀嚼式口器的特化——上颚和下颚延长，特化为针状的口针；下唇延长成分节的喙，将口针包藏其中。口针适于刺入，其危害时口器形成针管形，用以吸食植物或动物体内的液汁。这种口器不能取食固体食物，只能刺入组织中吸取汁液。

③虹吸式口器。虹吸式口器为鳞翅目成虫(除少数原始蛾类外)所特有，其显著特点是

具有一条能弯曲和伸展的喙,适于吸食花管底部的花蜜。

1.7.4 植物抗虫性机制及植物防御对策

(1) 植物抗虫性

植物的抗虫性是指在田间存在害虫的情况下,完全或很少不受其危害,或虽受害但有一定的补偿能力,使产量降低到较小程度。抗虫性主要表现为:昆虫不取食;取食少,植物能正常生长;不为害植物的主要部位;为害植物的主要部位。

(2) 植物的抗虫机制

害虫进入农田经历迁入和侵占两个阶段,植物的抗虫机制就是对付侵占阶段的昆虫。Painter(1951)把植物的抗虫机制分为3种类型,后又被Kogan et al. (1978)修改成以下3种类型。

①排斥性。排斥性是指由于形态、组织学上的特点和生理生化特性;或体内含有特殊的化学物质,可以阻碍害虫趋向植物产卵和取食;或由于植物的物候学特性与害虫为害期不相愈合,从而使植物局部或全部避免害虫的为害。

②抗生性。抗生性是指植物含有有毒物质,害虫取食后引起其生理失常,甚至死亡;或植物受害后,产生一些特异性反应(如强大的组织愈伤能力)以阻止或妨碍害虫的为害。

③耐受性。耐受性是指植物受害后,产品损失和品质下降程度较轻,这主要是由于植物的补偿能力强。

(3) 植物防御对策

①浓度变化对策。幼嫩组织越需要保护,酚醛、生物碱、固醇、氰糖苷、蛋白酶抑制物等浓度就要越高。如番茄碱在未成熟果实中含量较高,随着果实成熟其含量越来越低。

②组分变化对策。从发芽至成长,次生性代谢物是变化的,如皂角苷、强心内酯苷、螺甾烷酮更替着出现,以使昆虫不易产生"抗药性"。

③诱导对策。"你不来为害,我就不产生抗性;你来为害,我就产生抗性。"如马铃薯被叶甲咬后,可放出4种蛋白酶抑制物。

1.8 生物对环境的适应

在昆虫生活史的某一阶段,当遇到不良环境条件时,生命活动会出现停滞现象以安全度过不良环境阶段。这一现象常与夏季高温和冬季低温相关,即所谓的越夏或夏眠和越冬或冬眠。根据引起和解除停滞的条件,可将停滞现象分为休眠和滞育两类。

1.8.1 昆虫的休眠与滞育

1.8.1.1 概念及特点

(1) 休眠

休眠是由不良环境条件直接引起的,当不良环境条件消除后昆虫马上能恢复生长发育的生命活动停滞现象。有些昆虫需要在一定的虫态或虫龄休眠,如东亚飞蝗均在卵期休眠；有些昆虫在任何虫态或虫龄都可以休眠，如小地老虎在我国江淮流域以南地区成虫、幼虫或蛹均可休眠越冬。由于不同虫态的生理特点不同，在休眠期内的死亡率也就不同。因此，以何种虫态休眠在一定程度上会影响后来昆虫种群的基数。

(2) 滞育

滞育也是由环境条件引起的，但通常不是由不良环境条件直接引起的，当不良环境条件消除后昆虫并不能立即恢复生长发育的生命活动停滞现象。在自然界，当不良环境条件未到来之前，昆虫常常已经进入滞育状态，而且一旦滞育，即使给予最适宜的生长发育条件，昆虫也不能立即恢复生长发育。所以，滞育具有一定的遗传稳定性。凡是具有滞育特性的昆虫都有固定的滞育虫态，亲缘关系相近的昆虫可以有不同的滞育虫态，通常同一世代只有一次滞育，但也有在一个世代中出现两次滞育的昆虫。滞育有兼性滞育和专性滞育两类。

①专性滞育。又称绝对滞育，是指昆虫在每一代的固定虫态都发生的滞育，该类滞育常常为一化性昆虫所具有，如大地老虎、大豆食心虫为一化性昆虫，无论外界环境条件如何，到了各自的虫态都进入滞育。

②兼性滞育。兼性滞育不一定每一世代都滞育，如玉米螟在各地每年发生的代数不同，但多以末代老熟幼虫滞育越冬。

1.8.1.2　昆虫休眠与滞育的区别

休眠与滞育相比对不良环境的抵抗能力较弱，如东亚飞蝗秋天虽然以卵休眠越冬，但如果秋天特别温暖，越冬卵则可继续孵化，而所孵化出来的若虫往往来不及完成一个生命周期就会遇到寒冬，终至死亡。从不休眠到休眠，从休眠到滞育，似乎是昆虫生活史进化的必然。

休眠与滞育的本质区别：①滞育的昆虫都有一个种的稳定的遗传性；②所有滞育的昆虫都有固定的虫态；③当不良环境条件解除时，昆虫能否复苏。

实例：东亚飞蝗的卵过冬属于休眠（温度升高，可解除）；柿舞毒蛾6月产卵并以卵过冬属于滞育。

1.8.1.3　昆虫各虫态滞育的一般特点

卵期：呼吸速率降低，一般在胚胎发育前期发生。

幼虫：不活动取食，不化蛹，脂肪增加，水分含量减少，呼吸速率降低。

蛹期：生理状态与幼虫期相似，与不滞育同种在形态上差别很大。

成虫：主要是生殖腺停止发育，不交配，不产卵。

1.8.1.4　引起滞育的生态因素

引起滞育的外界生态因子主要是光周期、温度、湿度、食物等，内在因子为激素。

(1) 光周期（主要因素）

光周期是所有的环境因子中最有规律的，也是预测季节变化最可靠的，因此是大多数昆虫滞育诱导的主要因素。根据光照的长短，滞育可分为以下4种类型：

①短日照滞育型（长日照发育型）。日照时数小于12 h滞育，如三化螟在日照时数大于14 h不滞育。

②长日照滞育型(短日照发育型)。日照时数大于 12 h 滞育，如小麦吸浆虫在日照时数小于 12 h 不滞育。

③中间型。日照时数过长或者过短都引起滞育，在很小的范围不滞育。如桃小食心虫在光照大于 17 h 或小于 13 h 滞育，在日照时数 15 h 前后正常发育。

④无光周期反应型。光周期变化对滞育没有影响，如柿舞毒蛾。

(2) 温度

温度是影响昆虫滞育的另一重要因素。如家蝇(*Musca domestica*)幼虫在低于 15 ℃ 的环境中发育时，蛹进入滞育；南非的褐飞蝗(*Locustana pardalina*)卵滞育与高温持续的时间相关。

温度常与光周期相互作用起着诱导昆虫滞育的作用。大多数的昆虫种群，光周期与温度之间的关系表现为随着温度的改变，昆虫的临界光周期发生变化。如美凤蝶(*Papiliomemnon*)，在 20 ℃ 条件下，临界光照时间为 13 h 11 min；而在 25 ℃ 条件下，临界光照时间为 12 h 49 min，要比 20 ℃ 时短 22 min。一般来讲，夏滞育的诱导、维持和解除在长日照和高温时发生，在短日照和中等温度下终止；冬滞育则相反。如日本柞蚕(*Antheraea yamamai*)的夏滞育是由光周期控制的，敏感虫态是幼虫期和蛹期；烟芽夜蛾(*Heliothis virescens*)的夏滞育完全由高温(≥32 ℃)诱导，变温下滞育率更高，且滞育个体绝大多数为雄性；大猿叶甲(*Colaphellus bowringi*)的夏季滞育由低温诱导，当温度≤20 ℃ 时，成虫全部进入滞育，独立于光周期。

(3) 湿度

由湿度引起滞育的昆虫目前发现不多，且这种滞育的发生大多与昆虫生活环境有密切关系。湿度常不能作为滞育诱导的主要因子，而主要通过改变光周期和温度的刺激反应影响滞育的诱导，如烟草粉螟(*Epphestia elutella*)，湿度能够改变其光周期的滞育诱导效应。一些以卵滞育的昆虫对湿度较为敏感，如澳洲疫蝗(*Chortotcetes terminifera*)，虽然成虫期的光周期和温度对卵的滞育有决定性作用，但低湿条件明显降低了滞育的诱导效应。

(4) 食物

食物不仅直接影响昆虫的生存和生长发育，有时也影响昆虫的生活史对策。食物(寄主)的种类影响昆虫的滞育诱导已有广泛的报道，取食不同的寄主植物，昆虫的滞育反应可能不同。如马铃薯甲虫(*Leptinotarsa decemlineata*)成虫和幼虫取食欧白英(*Solanum dulcamara*)及马铃薯(*Solanum tuberosum*)，其滞育发生具有显著差异。

食物可能是某些依赖季节性植物才能生存的植食性昆虫或一些仅依赖于寄主才能够生存的捕食性和寄生性昆虫滞育诱导的主要因子。一些温带和热带地区食植物种子的蝽象，如红蝽和长蝽，食物缺乏是夏滞育诱导的关键因子，种子的质量和缺乏会诱导其进入滞育。

除食物数量和丰富度外，食物质量也能影响昆虫滞育，如绿圆跳虫(*Sminthurus viridis*)和红足土螨(*Halotydeus destructor*)取食衰老的植物时，夏季滞育即被诱导。

1.8.1.5 昆虫滞育的激素调节

从本质上看，滞育是昆虫通过自身神经及内分泌系统共同响应与整合下进行的一系列复杂的生命活动过程，对于不同虫态滞育的昆虫，其激素调节的机理各不相同。

(1) 卵滞育

卵滞育可以发生在刚好形成胚胎之后、胚动前后（一般接近胚胎发育的中期）或即将孵化前已经形成完整幼虫的时期，调节方式可以分为由母体分泌的滞育激素调节和胚胎自身合成的激素调节。滞育激素（DH）在以家蚕（*Bombyx mori*）为模型的卵滞育中起调节作用。利用探针技术证实，DH 的 DNA 存在于多种昆虫中，但除家蚕外，其他物种中具有 DH 活性因子的化学特性及物理意义还不是很清楚。家蚕的 DH 已被分离纯化，并测出了氨基酸的一级结构。Xu et al. (1995)克隆了 DH cDNA 和基因，并在核苷酸测序和基因表达研究中得到一些重要发现。另外，胚胎期的神经内分泌系统也参与对卵滞育的调节。实验发现，在家蚕最后一龄幼虫期将保幼激素（JH）类似物注射进产滞育卵的虫体内，可产生非滞育卵。

(2) 幼虫滞育

激素缺乏和保幼激素调节，是解释幼虫滞育的两种理论。"激素缺乏说"原用于解释蛹滞育的内分泌基础，此理论认为当幼虫大脑神经（NS）系统变为不活动、心侧体（CC）停止分泌促蜕皮激素时便开始滞育；当 CC 重新开始释放促蜕皮激素后，幼虫形态发生才恢复。"保幼激素调节论"提出滞育幼虫与滞育蛹不同，咽侧体（CA）保持活跃分泌 JH，JH 通过调节蜕皮激素（MH）的分泌来诱导以及维持滞育，而 CA 被认为是受脑中正常的和有神经分泌作用的神经元所控制。滞育期间，JH 通过抑制幼虫促蜕皮激素的合成、输送及释放而阻止其形态的发生。当 CA 的分泌物或者循环的 JH 浓度发生变化，解除了大脑神经分泌系统对合成蜕皮激素的抑制时，滞育中止。JH 在滞育期间保持适度的浓度，对滞育的诱导和维持起调节作用。二化螟（*Chilo supprssalis*）幼虫滞育期间，脑中枢神经分泌细胞产生促咽侧体激素（AT），AT 引起 CA 分泌 JH，JH 的存在抑制促前胸腺激素（PTTH）的合成，从而抑制前胸腺（PG）产生 MH，引起滞育。鞭角华扁叶蜂滞育研究结果也表明，滞育预蛹保持活跃的 CA 和适度浓度的 JH，调节滞育。

(3) 蛹滞育

脑-CA-PG 被认为是控制蛹滞育的功能单位，促前胸腺激素缺乏是导致蛹滞育的关键。促前胸腺激素的缺乏进一步抑制 PG 合成和 MH 释放，MH 的有无对蛹滞育的发生起着直接而关键的作用。对滞育蛹中 MH 浓度的测定发现，滞育期间 MH 的浓度很低，把非滞育蛹的脑或 PG 移植到滞育蛹，可以终止滞育；将蜕皮酮类似物注射到滞育蛹后，也可以终止滞育。

(4) 成虫滞育

成虫滞育是一种生殖滞育，是对卵黄原蛋白的抑制。多数研究表明，CA 控制滞育和生殖，JH 缺乏是成虫滞育的主要因素。将产卵的马铃薯甲虫（*Leptinotars decemlineata*）摘除 CA 置于非诱导滞育的环境（长光照，温度适中），甲虫的卵巢发育受到抑制，开始出现钻地行为、飞行肌退化、能量代谢降低等滞育特征。相反，对滞育甲虫成虫注射 JH，其滞育停止，甲虫开始活动取食，卵开始发育。观察滞育期间 CA 的组织和超微结构发现，滞育期间 CA 的细胞缩小，细胞质颗粒减少，细胞核皱缩，但 CA 并非完全衰退和失活，它使 JH 恒定在一个较低的浓度水平。

最近的研究发现，JH 控制成虫滞育的概念是不完全的。在一些双翅目成虫中，卵黄原蛋白的浓度是由 JH 和 20-羟基蜕皮酮共同影响的，具有心侧体-咽侧体(CC-CA)复合体的成虫发育主要由卵巢中产生的 20-羟基蜕皮酮影响，无 CC-CA 复合体的成虫发育由 JH 控制。Agui et al. (1991)在家蝇(*Musca domestica*)成虫中也发现，卵黄原蛋白 mRNA 在 JH 处理后 24 h 开始积累，20-羟基蜕皮酮处理 16 h 后开始积累，MH 可能参与成虫滞育的调节。

1.8.1.6 昆虫滞育的生理特点

滞育期间，昆虫体内产生的一系列生理生化变化，昆虫滞育的生理特点是目前昆虫学领域的研究热点之一。

(1) 准备阶段

在前滞育期，许多昆虫迅速取食或延长取食时间，通过不同的代谢途径将部分能量储存起来，用于昆虫滞育期和后滞育期的发育。如在成虫前滞育期，卵巢发育和卵黄形成均受到抑制，可以通过机体一些组织的损坏，翅肌肉、卵巢、睾丸、卵的重吸收，脂肪体和其他的储存组织过度生长等方式，使昆虫机体和血淋巴开始积累储存脂类、蛋白质以及其他的碳水化合物。这也是引起新陈代谢作用迟缓的重要原因。

(2) 滞育阶段

在滞育阶段，昆虫体内脂肪、糖原等大量积累，水分显著减少，酶也发生一系列的变化，新陈代谢作用降到最低，呼吸强度减弱，因而抗逆力增强。能量代谢的降低与滞育昆虫滞育后，其代谢活动也随之逐渐降至一个很低的水平，且维持至滞育结束。因此，在滞育的过程中，几乎所有昆虫的耗氧量都呈"U"形曲线变化，如鞭角华扁叶蜂(*Chinolyda flagellicornis*)滞育预蛹，在 25 ℃时的耗氧量与 30 ℃时的耗氧量相等。但也有例外，如隐翅虫(*Oxytelus batiuculus*)在滞育期间氧的消耗速率同发育阶段氧的消耗没什么差别，其呼吸代谢的一个重要特征是滞育期呼吸代谢速率几乎不受周围环境温度的影响。不同种类的滞育昆虫物质代谢的速率及方式各有特点。如棉红铃虫(*Pectinophora gossypiella*)以脂类为主要能量物质，但脂肪酸的相对含量保持不变；环喙库蚊(*Culex annulirostris*)脂肪酸的相对含量在滞育期发生变化；柞蚕(*Antheraea pernyi*)滞育期间体内存在糖原与多元醇之间相互转化的现象，并与气温密切相关。

(3) 解除滞育阶段

进入滞育的昆虫要经过一定时间的滞育代谢才能解除滞育。滞育的时间与昆虫的遗传特性和外界环境条件有关。温度、湿度和光照是解除滞育的重要因子。

一般积累的养分大多被消耗利用，一些幼虫和成虫的脂肪体或血淋巴有一种或几种蛋白质，在滞育昆虫中保持着较高的浓度，且随着滞育的终止而逐渐消失。如冬眠的昆虫必须经过低温刺激后，脂肪才能参与代谢作用而被消耗，结合水逐渐转化为游离水；多数冬季滞育的昆虫经过一定时间的低温(0~10 ℃)处理能解除滞育；亚洲玉米螟、三化螟等的滞育幼虫需要补充一定的水分才能解除滞育而化蛹；一些蟋蟀和脉翅目昆虫当春天光照时效超过临界光周期时才能解除滞育。

1.8.1.7 昆虫滞育的机制

引起昆虫滞育的内因主要是体内激素的活化或抑制调节作用(图 1-3)。脑激素、蜕皮激素、保幼激素和食道下神经节分泌的滞育激素均与滞育形成有关。

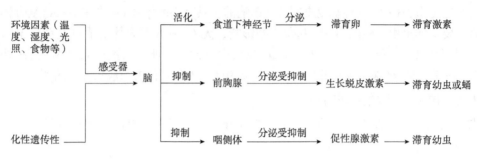

图 1-3 昆虫滞育机制

1.8.1.8 昆虫滞育的实践意义

研究昆虫滞育并对昆虫滞育加以调节，对昆虫发育进行有效的控制，使之能够朝有利于人类的方向发展。

①研究昆虫的发生规律，对进行预报和防治有很大的帮助。

②研究昆虫滞育对保护益虫有重要意义。

③研究昆虫滞育可以帮助分析害虫和天敌种群数量变动。

多样的生活史是昆虫长期适应外界环境变化的产物，是昆虫抵御不良环境条件的重要生存对策之一。无论是世代重叠、局部世代，还是世代交替、休眠与滞育等，对昆虫种群的繁盛与延续都起着十分重要的作用。

1.8.2 昆虫的扩散与迁飞

昆虫生长发育过程中，当原来栖息地的条件不能满足其需求或遇到不良外界条件时，昆虫种群可向外扩散或作远距离的迁飞，以便种群进入一个适宜其生存繁殖的新栖息地，使其种群得以延续。所以，种群的扩散与迁飞是种群对不良外界条件在空间转移上的一种适宜特性。昆虫的迁飞与扩散特性，是害虫发生量、发生期预测中需要进行研究的重要方面。

1.8.2.1 昆虫的扩散

扩散也称蔓延、传播、分散等，是指昆虫在个体发育中日常的或偶然的、在小范围内的分散或集中活动，一般分为以下几种类型。

(1) 完全靠外部因素传播

这种传播方式完全靠外部因素，如风力、水力或人力活动引起昆虫被动的扩散活动。许多鳞翅目幼虫可吐丝下垂并靠风力传播，如斜纹夜蛾、螟虫等1龄幼虫，从卵中孵化后常先群集为害，以后再吐丝下垂，靠风力传播。为害树木的袋蛾幼虫可吐丝下垂，最远可随风飘到5 km以外的树上。人们的活动(如货物运输、种苗调匀等)有时也无意中帮助了害虫的扩散、传播。

(2) 由虫源向外扩散

有的昆虫或某一世代有明显的虫源中心，常称为虫源地(株)。如棉铃红虫集中在棉仓或加工厂、村庄住地越冬，形成明显的越冬虫源中心。第1代成虫羽化后，即由仓库向四周棉田扩散，离仓库或村庄越近的棉田虫口密度越大。棉花绿盲蝽(*Lygocoris lucorum*)主要在苕子、苜蓿等绿肥田越冬，春季第1~2代又可在蚕豆田、绿肥留种田或萝卜留种田中繁殖，棉花现蕾前后迁入棉田为害，凡靠近这些虫源地的棉田均受害较重。棉蚜、高粱蚜、棉红蜘蛛等还可以由点片发生逐渐向全田蔓延扩散。对于这类害虫：在测报上要求查清虫源地、测准点片发生期；防治上要求控制虫源地，将其消灭在田外或点片阶段。

(3) 由趋性所引起的小范围分散或集中

例如，水稻三化螟有趋向分蘖期和孕穗期稻田产卵的习性，由于各田块间的水稻品种、水肥管理等差异，造成了田块之间的水稻往往处于不同发育阶段，形成了三化螟为害的不同类型田；稻苞虫成虫有取食花蜜的习性，白天常分散到各种蜜源植物上取食（如棉花、瓜田或其他野生开花植物），而后又集中飞到稻田产卵；豆天蛾白天集中在高秆植物（如玉米、高粱等）田中栖息，夜间再分散到豆田产卵。了解这类害虫的扩散、蔓延习性，有助于在测报和防治中选择调查类型田块或确定重点防治田块。

1.8.2.2 昆虫的迁飞

迁飞又称迁移，是指一种昆虫成群地从一个发生地长距离地迁飞到另一个发生地。迁飞是昆虫对外界不良环境条件的一种在空间上转移的适应行为，并不是各种昆虫普遍存在的生物学特性。迁飞常发生在成虫的一个特定时期——幼嫩阶段后期。幼嫩阶段是指从成虫刚羽化到翅骨化变硬之间的阶段，迁飞紧接着发生在这个时期之后。所以，迁飞开始时，雌成虫的卵巢尚未发育，大多数还未交尾、产卵。

(1) 迁飞昆虫的种群特征

在自然界形形色色的昆虫中，迁飞昆虫种群一般具有下列特性：

①种群数量长期存在季节性"突增""突减"现象，并使相邻两代间种群发生数量差异悬殊。

②在一个相当大的区域内，种群存在"同期突发"现象，即在大区域内同时突然发生。

③种群在相邻两代间的发育进度不符合。

④成虫发生期间，雌虫卵巢发育有不连续现象。由于迁飞发生在成虫幼嫩阶段后期、交尾产卵以前，所以，如果在迁出地（代）逐日捕捉雌虫进行生殖器解剖，可见卵巢发育进度始终以幼嫩（Ⅰ级）的占绝大多数，且交配率极低，说明当地成虫正逐日迁出，而所捕成虫均为新羽化。相反，如在迁入地（代）做相同的解剖，可见卵巢发育始终都在Ⅱ级以上，并且大多数性成熟，交配率很高（表1-6）。

表1-6 黏虫第1～2代雌蛾解剖结果

代别	解剖日期	解剖雌蛾数（头）	交配率（%）			卵巢发育进度（各级所占百分率，%）					
			未交配	交配1次	交配2次	Ⅰ	Ⅱ	Ⅲ	Ⅳ	Ⅴ	Ⅵ
第1代（迁入代）	3月5日～4月1日	225.0	12.0	59.1	28.9	0	7.6	11.6	23.5	21.3	36.0
第2代（迁出代）	5月20日～6月9日	59.0	98.3	1.7	0	91.5	5.1	3.4	0	0	0

⑤在高空用高山网或飞机捕捉、海面航捕，可捕到大量有季节性活动的虫源。

(2) 迁飞昆虫的类型

根据多种具有迁飞特性的昆虫的分析，迁飞可分为下列4种类型：

①连续性迁飞类型，无固定繁育基地。这类迁飞昆虫无固定的繁育基地，可连续几代发生迁飞，每代都可以有不同的繁育基地；成虫的寿命较短（常局限在一个季节内），从某一代的发生地迁飞到新的地区去产卵繁殖；产卵后成虫随即死亡。农业害虫中的大多数迁飞昆虫都属于此类，如黏虫、草地螟、稻纵卷叶螟、褐飞虱、白背飞虱、非洲黏虫（Plusia exempta）、甜菜夜蛾、甘蓝夜蛾（Mamestra brassicae）、γ纹夜蛾（Plusia gamma）、非洲沙漠蝗（Schistocerca gregaria）等。有的种类的迁飞个体只做单程迁出，而不能迁回原来的地区。例如，草地螟在我国西北地区及俄罗斯经常做群体迁飞，迁飞距离在200 km以上。另一些种类如黏虫、飞虱等像候鸟一样，在一定的季节里按一定的方向迁出，当年又迁回。但这种周期性的迁飞过程不是由同一世代、同一个体可完成的，而是在一年内由不同世代的种群完成。对于这一类害虫，在测报和防治上必须开展南北各地间的虫情通报，逐代进行异地预测，才能取得主动防治的效果。

②在固定繁育基地的迁飞类型。大多数的飞蝗都属于这种类型，它们常有一定的特别适应的繁育基地——蝗区，只有在这些基地上才能大量繁育，形成大群能够起飞的群居型飞蝗。例如，我国的东亚飞蝗就是从几个沿湖（河）、沿海蝗区起飞，向几百千米以外的地方扩散为害。对于这一类有固定繁育基地的迁飞昆虫，在预报和防治上自然应当局限在蝗区，及时监测，消灭蝗群在迁飞之前，并且应当采取改造蝗区、根治蝗害的根本性预防措施。新中国成立后对蝗区的改造已取得很大成就，基本上控制了飞蝗的迁飞和危害。

③越冬或越夏迁飞类型。这类昆虫的迁飞发生在越冬或越夏期前后，成虫的寿命较长。成虫从发生分布地迁向越冬（夏）地区，在那里度过滞育阶段，在滞育结束后又迁回原来地方产卵繁殖。例如，我国的七星瓢虫和异色瓢虫等，在秋季都成群迁飞到山区向阳的石缝、树皮等处越冬，春暖后又飞出到大田繁殖。稻水象（Lissorhoptrus oryzophilus）第1代成虫7月即成群飞到山区土下越夏或越冬，翌年春季又飞回稻田。

④蚜虫迁飞类型。蚜虫在发生过程中存在无翅蚜和有翅蚜两种生态型。当栖息场所的条件（营养条件或气候条件）不适宜时常出现有翅型，需要迁飞或扩散到新的寄主场所去繁殖后代，特别是季节性寄主转移的蚜虫种类，如棉蚜、桃蚜等。在春、秋季各有一次从越冬寄主到夏寄主和由夏寄主返回到越冬寄主的迁飞。

(3) 迁飞昆虫的种型分化

同一世代同一种群中的迁飞昆虫，有的个体分化为迁飞型，有的却分化为居留型。可以这样来理解：迁飞从生物学意义上来看也是一种行为多态现象，有的个体可做长时间的持续飞行，即迁飞型；有的个体只能做短时间的飞行，即居留型。这种种型的分化首先取决于其内在的基因遗传力，但也受环境的影响。现已证实，迁飞昆虫的行为首先是由一对或数对等位基因决定的。

种型分化的临界虫期，有的在幼虫期，如褐飞虱在若虫3龄以前，蝗虫在蛹期。但在成虫的幼嫩阶段也可能由于环境因素的作用而导致两型比例的改变。也就是说，一个世代中，迁飞型与居留型的比例首先是由基因决定的，但两型占比也会因环境因素的变动而变化。

影响迁飞昆虫种型分化的环境因素主要有4个方面：光照周期、食料条件的不适宜或缺乏、温度、拥挤程度。

(4) 迁飞昆虫的迁飞过程

迁飞昆虫的迁飞可分为起飞、运行、降落3个过程。

①起飞过程。迁飞昆虫羽化后有向上起飞的习性，这是迁飞昆虫生理和行为上固有的特性，起飞时内部生理上已充分准备好飞行"燃料"（主要是脂肪和糖原）。陈若等(1979)研究表明，褐飞虱起飞时脂肪含量高，平均每头达0.502 mg，体重适中，翅的负荷较小。昆虫起飞时飞行肌发育完善，特别是肌肉中有关能量释放的α-甘油磷酸脱氢酶的活性激增，如非洲迁移蝗起飞时这种酶的活动增加至原来的40倍。起飞过程中昆虫均处于卵巢不成熟的阶段。

②运行过程。翟保平(1993)、张孝羲(1994)分别总结了国内外雷达监测20多种昆虫的资料，得出昆虫在高空运行过程中有成层、定向等"边界层顶"现象，即迁飞昆虫已进化到能相当主动地选择最适风温场的能力。它们起飞后主动升空飞行到最适巡航高度，并做水平飞行，还通过成层行为集聚在边界层顶附近的急流层内，再通过定向行为使其运行轨迹尽可能接近预期迁入区的方向，最大限度地减少种群损失，以到达新的栖息地。

③降落过程。雷达观测显示，昆虫在降落时翅会收拢，虫体快速下降。降落也有一定的主动性，但外界条件（如光、气压、气流等）也有一定的刺激诱导作用。例如，夜行性的蛾类均在夜间飞行，黎明前侧降落地面，次日可再起飞；飞虱则为一次性迁飞，降落后一般不再起飞。昆虫降落的时间也不像起飞时间那样集中。

(5) 昆虫迁飞的控制技能

昆虫的迁飞行为主要受内激素控制。成虫羽化时体内保幼激素一般少于蜕皮激素，此时并不飞行。由于成虫期前胸腺常退化而咽侧体比较发达，因而随着成虫年龄的增加，保幼激素不断增加，当其达到中等水平时，便激发运动神经反应而开始起飞，此为迁飞的起始阈值。植物性神经反应和运动神经反应是相对立的，当植物性神经反应被激发后，运动神经反应便被抑制。因此，卵巢一经发育，飞行行为便显著减退，并开始定居繁殖。如Rankin等研究表明，乳草蝽的雌虫在血淋巴内JH-Ⅲ滴度增达10 ng/μL时卵巢开始发育，当50%雌虫产卵时，种群的飞行行为完全停止。至于雌虫的飞行和激素的关系，目前已知当保幼激素增多时飞行不断增强，可能要在取食交配后飞行才停止。

1.8.3 昆虫的生物钟

生物的生理机能和生活习性受内在的、具有"时钟"性能的生理机制的控制，这种生理机制称为"生物钟"。它的最普遍的表现为昼夜节律，如昆虫的交尾、产卵、卵的孵化、幼虫化蛹或成虫羽化，以及觅食等生活习性和行为表现有日夜近似24 h周期性的各种生活节律。研究证明，昆虫的这些生理和行为是由生物钟控制的。

(1) 生物钟的类型

生物钟有不同的分类方法，但大多数学者倾向于分为两类。

①类型Ⅰ。这类生物钟的发生常与光接收器——复眼无关，其对外界光周期的感受直接受脑部的某些细胞组织控制。节律的显现常与光强度无关，而生理节律型的变化与光周

期有关。在植物和动物的许多试验中发现，黑暗期的长短常较光亮期的影响更为重要。这类生理节律的表现在发育节律(休眠或滞育)、孵化、蜕皮、羽化及激素的释放等。

②类型Ⅱ。这类生物钟主要由光接收器——复眼所控制。在完全黑暗或完全光亮条件下节律常失控，光周期对生理节律型转变的重要性远小于类型Ⅰ。该类型的行为节律多与太阳方位变化有关，如蜜蜂的出巢觅食时间节律等。

(2) 生物钟的特征

生物钟普遍存在于昆虫中。昆虫受生物钟控制后表现为有节律的行为，这种节奏包括昼夜节律(周期为 24 h)和次昼夜节律(周期比 24 h 短得多)，无论何种节律都是内源性的。它不仅是对光照和温度变化的反应，并且在恒定的环境条件下，也能继续不断地自由运转。昼夜节律的内源周期一般是近似 24 h，但并不准确地等于 24 h。昼夜节律的周期在生理范围内对温度变化相对不敏感，如果节律被光照、温度或其他环境因子的突然变化打破后，昆虫自身可重新校正。

(3) 生物钟的机制

昆虫的生物钟是一个复杂的生理过程，是昆虫体内一系列化学和物理变化的结果。实验证明，黄粉虫(*Tenetrio molitor*)、德国蜚蠊(*Blatella germanica*)、欧洲玉米螟(*Ostrinia nubilalis*)的幼虫体内氧的消耗高峰在黑暗开始后，而最低时则在拂晓后；果蝇幼虫的氧消耗则为晨暮双峰型。

许多昆虫血淋巴中糖原、海藻糖及其他糖类的滴度或钾、钠离子的浓度也发现存在明显的生理节律。其他物质如萤火虫的发光物质、昆虫体色的变化等也均有生理节律。研究发现，昆虫的生殖生理也明显由生物钟控制，如地中海粉螟(*Anagasta kuchniella*)精子在睾丸中的移动由生物钟所控制。至于雌性性外激素释放的节律性更是在许多昆虫研究中被证实。昆虫的中央神经系统、脑中二类神经活性、脑激素的释放或咽侧体细胞核的直径变化等均被证实有明显的生理节律。

对果蝇蛹羽化节律的研究表明，昆虫的生物钟是有一定遗传性的，其基因响应的位点是位于 X 性染色体。目前，一般认为生物钟应包括 3 个组成部分：联系环境至生物钟起搏器的输入途径、起搏器和联系起搏器与各种生理、代谢和行为过程的输出途径。已经明确了起搏器由 Per 基因控制，昆虫缺失 Per 蛋白，则节律消失。Per 基因产物的质变和量变均能引起生物钟周期的改变，定时 Per 基因在生物钟的定时功能中起重要的作用。

1.8.4 昆虫基本行为的适应

昆虫大多数行为形式是有利于昆虫对环境的适应，因此，行为是具有适应意义的运动。有些行为很容易被观察到，如飞行、跳跃等，有的则要耐心观察才能见到，如蜜蜂和蚂蚁的通信行为等。动物行为的类型很多，与昆虫有关的行为有四大类：趋性(taxes)、反射(reflexes)、本能(instincts)和学习(learning)。其中前三类属先天性的行为，是可以遗传的；后一类为后天性的，一般是不可遗传的。

(1) 趋性

趋性与向性(tropisms)有时很难区分，但向性一般是指无神经系统的植物茎、叶、花的一种朝向太阳的移动，而趋性是低等动物趋向刺激发源地的行为。昆虫中最常见的有趋光性、趋化性、求偶的趋化性和对鸣声的反应。蝴蝶在逃避敌人时，可以定向地朝着太阳飞行，这样就可以使捕食者由于阳光的刺激而找不到它。如果把蝴蝶的一只眼睛弄瞎，那么它就只做圆周飞行，这是因为蝴蝶的两只眼睛得不到阳光相等的刺激，所以不能朝太阳做定向的飞行。趋性可以是直接趋向刺激源，如飞蛾扑火；也可以是偏向的，如蜜蜂的向光趋飞总有一偏角。趋性在不同昆虫种间差别很大，如水稻三化螟、二化螟的趋光性较强，但大螟、玉米螟、棉铃虫、红铃虫等则趋光性较弱。不同昆虫对不同波长的光源趋性也不同。昆虫的雄虫对雌虫所释放的性外激素的趋性非常敏感，即使在极低浓度下，也能在很远的距离外感受并作趋性反应。

（2）反射

反射一般是指昆虫通过神经系统，对刺激作出的有规律的反应，是比较定型的，故又称为非条件反射。即对一种刺激只有一种不变的反应表现，在同种个体中反应一致，具有固定的遗传性。在昆虫中常见的有假死性，即虫体遇到刺激后就会坠落地面，翅、足收缩，身体蜷曲不动，伪装死亡以逃避天敌，如象鼻虫、黏虫、地老虎幼虫都具有假死性；还有的昆虫在遇到刺激后，身体做剧烈的弹动，以逃避天敌，如稻纵卷叶螟虫幼虫、多种天蛾科幼虫等。这些反射行为都是种的一种特有的遗传行为，与条件反射不同，不是经过学习获得的。

（3）本能

本能也是昆虫可遗传的较固定的物种特性，它不需要通过明显的外界刺激。例如，三化螟幼虫孵化后就会寻找水稻的生长点而钻蛀到叶鞘或茎内，如果 30 min 内不能蛀入成功，便会因身体失水而死亡，许多钻蛀性害虫如棉铃虫、玉米螟、梨小食心虫等均有这种本能；为害树木的大蓑蛾的幼龄幼虫会吐长丝下垂，随风飘荡而扩散到远处；许多社会性昆虫如白蚁、蜜蜂等，各类虫型个体的职能具有严格的分工并有特异的行为，如兵蚁负责保卫和御敌，工蚁负责觅食、做巢，雄性蚁及蚁后负责交尾、繁殖等；迁飞性昆虫羽化后随即跃跃欲飞，做长距离的迁飞。本能是至今为止所有遗传性行为中最为复杂的行为，它不完全是由个体发育中外界刺激所决定的，同时还取决于昆虫体内的特殊环境（各种生理、生化条件），而外界的刺激（如光照、温度、颜色、化学物质）只是本能行为的诱发物。本能行为还取决于昆虫内在的遗传基因。

（4）学习

学习行为与以上三类行为不同，不是由物种基因遗传的固定行为，而是通过后天的多次经历或刺激而产生的经验反映在行为上的变化，这在昆虫的觅食、求偶、照顾后代、逃避天敌、寻找回巢路径等方面的行为研究中都已证实。举一个经典的例子：在自然情况下，蜜蜂能识别和记忆当地植物每天的开花时间，从而可准确地飞来觅食。Beling（1929）在每天固定的时间放出人为的蜜源引诱蜜蜂觅食，经多次训练后，蜜蜂可以记忆每天任何有蜜源的时刻，准时前来觅食。又如幼虫的学习会引起成虫行为的变化；丽蝇或果蝇成虫对糖的趋性的敏感程度受到其幼虫期取食食物中糖量的影响；稻虱缨小蜂（*Anagyrus flaveons*）上一代寄生在叶蝉或褐稻虱卵中，其所羽化的下代同种成虫对这两种卵的寄主选择性有明显的偏好差异：自飞虱羽化的该种成虫，偏好在飞虱卵中产卵，而在叶蝉中羽化的成虫则偏好在叶蝉卵中寄生；多种膜翅目蜂类还可记忆其回巢的路径或飞行的范围。

第 2 章

昆虫种群生态学

从理论意义上讲，种群生态学为生态学的发展开辟了一个新的领域。从种群水平来研究生物与环境的相互关系，与从个体(有机体)水平来研究是完全不同的。种群生态学对于进化论也具有重大意义，物种的形成是进化过程中的一个决定性阶段，而物种进化是通过种群表现出来的，因而进化论的研究离不开种群生态的内容。

2.1 种群的基本特征与种群结构

2.1.1 种群的基本概念

(1) 种群

物种是指自然界中凡是在形态结构、生活方式及遗传上极为相似的一群个体，它们在生殖上与其他种类的生物有严格的生殖隔离。种群是指在一定的生活环境内，占有一定空间的同种个体的总和，是种在自然界存在的基本单位。种群的基本特性包括：①种群是由许多个体所组成的，但不是个体的简单相加或机械组合；②同一种群中各个体彼此间的联系较不同种群的另一些个体更为密切；③在自然条件下，种群是物种存在的基本单位，又是生物群落的基本组成；④种群占有一定的空间，而且随着时间的变化，种群也发生不断的变化。

种群作为具体的研究对象又可以分为自然种群(如稻田中的褐稻虱种群)、实验种群(如实验条件下人工饲养的褐稻虱种群)、单种种群(如田间稻纵卷叶螟种群)和混合种群(如寄主与寄生物种间)。

(2) 复合种群

复合种群是由空间上彼此隔离，而在功能上又相互联系的两个或两个以上的亚种群或局部种群组成的种群缀块系统。著名的 Levins 模型如下：

$$dP/dt = cP(1-P) - eP \tag{2-1}$$

式中 P——由种群占据的生境缀块的比率(简称缀块占有率)；

c——与所研究物种有关的定居系数和绝灭系数；

e——与所研究物种有关的绝灭系数。

Levins 模型与 MacArthur et al. (1967) 的岛屿生物地理学平衡模型在数学上以及概念上

均有相似之处，因而，Levins对复合种群的定义成为生态学界普遍认可的经典定义。这一概念强调种群必须表现出明显的局部种群周转，即局部生境缀块中生物个体全部消失，而后又重新定居，如此反复的过程。因此，复合种群须满足两个条件：一是频繁的亚种群水平的局部性绝灭；二是亚种群之间存在生物繁殖体或个体的交流(迁移和再定居过程)。复合种群动态往往涉及两个空间尺度：亚种群尺度或缀块尺度、复合种群或景观尺度。

2.1.2 昆虫种群的基本特征

种群虽然是由个体组成的，但种群具有个体所不具有的特征。从个体到种群有一个质的飞跃，在群体水平上表现新的特征，即种群具有个体所不具备的各种群体特征。

2.1.2.1 空间特征

组成种群的个体在其生活空间中的位置状态或布局称为种群的空间特征。

(1) 随机分布(random distribution)

随机分布指的是每一个个体在种群分布领域中各个点出现的机会是相等的，并且某一个体的存在不影响其他个体的分布。随机分布比较少见，只有在环境资源分布均匀一致、种群内个体间没有彼此吸引或排斥时容易产生。随机分布的样本方差与平均数差异极小，一般认为，方差/平均数比值在 1.0~1.5 之间就符合随机分布。如蟥虫卵块、森林地被层中一些蜘蛛的分布、面粉中黄粉虫的分布。

(2) 均匀分布(uniform distribution)

种群的个体是等距分布，或个体间保持一定的均匀的间距。均匀分布形成的原因主要是由于种群内个体之间的竞争。均匀分布的样本方差小于平均数。个体与个体间的距离相等。符合均匀分布的昆虫种群较少。如短翅型白背飞虱。

(3) 集群分布(clumped distribution)

种群个体的分布很不均匀，常成群、成簇、成块或成斑块地密集分布，各群的大小、群间的距离、群内个体的密度等都不相等，但各群大都是随机分布。集群分布的方差大于平均数。一般认为，方差/平均数比值在 1.5~3.0 之间。大多数昆虫的各虫态属集群分布，如天幕毛虫幼虫。

2.1.2.2 数量特征

种群并不是许多同种个体的简单相加，而是一个有机单元，种群的数量特征包括种群密度、年龄组成、性比、出生率/死亡率、迁入率/迁出率等，这些特征是单独的生物个体多不具备的。

(1) 出生率/死亡率(natality/mortality)

单位时间内出生/死亡数占种群总数的百分比即出生率/死亡率。它包括如下几个概念。

最大出生率(maximum natality)：生理出生率，生育力。

实际出生率(realized natality)：生态出生率。

最低死亡率(minimum mortality)：生理死亡率。

实际死亡率(realized mortality)：生态死亡率。

种群增长率(r)计算公式为：

$$r = b - d \tag{2-2}$$

式中　　b——出生率；

　　　　d——死亡率。

$r>0$，种群数量增加；$r<0$，种群数量减少；$r=0$，种群数量平衡。种群的最大瞬时增长率称为种群内禀增长率(r_m)，计算公式为：

$$r_m = b_{max} - d_{min} \tag{2-3}$$

(2) 迁移率(migratory rate)

在一定时间内，迁出数量与迁入数量之差占总体的百分率即迁移率。它包括以下概念。

迁入率：迁入数占总体的百分率。

迁出率：迁出数占总体的百分率。

(3) 繁殖速率(reproductive)

繁殖速率是指某一种群在单位时间内增长的个体数量的最高理想倍数，它反映了种群数量增长的内在能力。繁殖速率取决于种群的繁殖力、性比和发育速率。可用下式表示：

$$R = [ef/(m+f)]^n \tag{2-4}$$

式中　　R——繁殖速率；

　　　　e——每头雌虫平均繁殖能力(产卵量)；

　　　　f——雌虫数；

　　　　m——雄虫数；

　　　　n——发生世代数。

例如，某一森林害虫平均每头雌虫可产卵 100 粒，性比为 1∶1，一年发生 3 代，则理想繁殖速率 $R=[100\times1/(1+1)]^3$，即该种群个体数量一年内可增长 125 000 倍。

在自然条件下，这一理论繁殖速率是不能实现的，因为种群数量消长是其生物学特性和环境条件共同作用的结果。例如，种群中有大量的个体被天敌寄生、捕食或迁移；种群各代的生殖力、性比都不相同。

因此，在构建种群测报模型时，应考虑出生率与环境条件之间的函数关系。可根据多年的实测数据，求得害虫各代平均的片段增殖速率，即可根据当年一定单位面积中的种群基数来预测下一代的发生数量。其预测式为：

$$当代发生数量 = 上代殖留虫数 \times 当代平均自然增殖速率 \tag{2-5}$$

例如，山东省根据历年调查资料得出：东亚飞蝗的第 1 代夏蝗到第 2 代秋蝗间的自然增殖速率为 7.2；1963 年实查得麦茬地夏蝗为 5.3 头/亩*，预测秋蝗发生量为 5.3×7.2＝38.16 头/亩。

(4) 种群基数(cardinal number)

种群基数是指在一定时间内种群的起始数量。基数可以按时间计算，也可以从生活史的某一世代算起，也可以按一个虫态数量动态计算，掌握种群基数可以为害虫发生数量预测提供依据。

＊ 1 亩＝1/15 hm^2，后同。

（5）性比（sex ratio）

性比是指种群中雌雄的比例，包括以下几种：

一雄一雌制（monogamous）：性比为1∶1，大多数昆虫均属于此类。

一雄多雌制（polygamous）：此种性比能提高生殖力，如叶螨、赤眼蜂。

一雌多雄制（polyandry）：如蜜蜂。

孤雌生殖制（partheno-genesis）：卵不经受精就发育，如蚜虫。

影响性比的外界因子主要是食物和气候（包括光照、温度、湿度等）。1963年江西省弋阳县调查结果表明，针叶被吃掉10%时，因幼虫期食物丰富，羽化后雌虫占60.1%；针叶被吃掉50%时，雌虫占44%；在针叶基本被吃光的林中，雌虫就只占33.5%了。

调查性比时需要注意以下问题：

①采集时期。羽化初期雄虫多，雌虫少；羽化高峰期雌虫、雄虫接近；羽化后期，雌虫多，因雄虫交配后不久即死亡，雌虫寿命长，所以羽化后期雌虫比例高。

②采集方式。一种是网捕，雄虫多适宜用网捕，因雄虫善于飞翔。另一种是灯诱，有下列4种情况：与自然比较接近，如黑丽金龟、大栗鳃金龟、茶色金龟；雌虫趋光性比雄虫强，灯下雌虫多，如三化螟；雄虫趋光性比雌虫强，灯下雄虫多，如马尾松毛虫；灯下全为雄虫，如多种尺蛾、毒蛾等，因雌蛾翅不发达，不能飞行，所以灯下仅见雄蛾。

（6）年龄组配（age-distribution）

年龄组配是指种群内各年龄组（成虫期、幼虫各龄等）的相对比率或百分比。

例如，在某块油松林的抽样调查中，查得平均每株油松毛虫各虫期数量分别为：成虫19.6头，卵50粒，1龄幼虫17.6头，2龄幼虫12.8头，总计100头。该种群的年龄组配状况是：成虫占19.6%，卵占50%，1龄幼虫占17.6%，2龄幼虫占12.8%。

由于生物的繁殖能力与其年龄有密切的关系，所以了解种群的年龄结构状况可以预测种群的发展趋势。年龄组配包括以下几种类型。

扩张型（expanding population）：高比例的年轻个体。

稳定型（stable population）：均匀的年龄结构。

衰退型（diminishing population）：高比例的年老个体。

Lotka（1925）提出：一个种群总趋向于发展成为一个具有稳定的年龄分布的种群，如果这种稳定的年龄分布受到环境的暂时干扰而发生变化，则有恢复到原来年龄分布的趋向。

（7）多态现象（polymorphism）

多态现象是指类群不但在形态上有一定的区别，更重要的是在行为和生殖能力上常有显著不同。

例1：蚜虫有无翅型和有翅型，在小生境不适宜时有翅型增多，并随即迁移他处。

例2：飞虱类有长翅型和短翅型两种个体，其中短翅型繁殖力强，寿命长，而迁飞能力相对较弱；长翅型则反之。因此当种群中短翅型的比例增加时，即预示着种群有大发生的可能。

例3：迁移蝗有群居型和散居型，如东亚飞蝗在蝗蝻密度高时，个体间相互拥挤，食物短缺，蝗蝻发育速率减慢，体色呈棕色或灰棕色，群居型比例增大，这预示着种群将大量外迁。相反，当种群密度较低时，食物丰富，蝗虫体色呈绿褐色，繁殖能力较强，呈散居型。当散居型比例增加时，种群数量有上升的趋势。

例4：舞毒蛾幼虫体色随着密度增大而变深，可以利用体色的变化预测种群数量动态。曾有学者提出，9%的舞毒蛾幼虫体色呈暗红色是舞毒蛾明显暴发的指标。

例5：落叶松毛虫幼虫密度不大时，体色呈浅灰色；而虫口密度很大时，体色呈暗灰色或暗黑色。因此，可以根据生物型的比例来预测其迁飞未来发生数量。

(8) 种群密度(density)

种群密度指一定时间内单位面积或单位体积中生物种群个体的数量。影响昆虫种群密度的因素包括以下方面。

①种群增长率。出生率、死亡率、迁入率、迁出率决定种群大小和种群密度。年龄增长型的种群密度会越来越大；性比失调，繁殖率低，种群密度将降低；若出生率大于死亡率，种群密度将增大。

②密度制约。密度大，生殖力下降，种群数量会在稍后降低；密度小，雌雄难以相遇，生殖力下降。一旦种群大小超过了环境的容纳量，其个体数量必将逐渐减少，出生率将有所回落或死亡率有所升高，其中主要受食物资源与天敌种群因素制约。

③随机性。在自然状态下，动植物及微生物种群总是受到随机过程的干扰，包括环境随机性与灾难随机性。随机过程以相同的方式作用于所有个体，与种群大小及其他参数无关，任何环境因素都会对种群参数产生不可预测的影响，其中主要是气候因素。

昆虫种群密度的测定方法包括：绝对密度测定和相对密度测定。绝对密度测定又包括以下内容：总量调查，即对一个区域内的种群的所有个体进行统计调查；取样调查（样方法、标记重捕法、去除取样法）。相对密度测定包括：直接数量指标，包括捕获率、遇见率；间接数量指标，包括粪堆数（多利用此估算大中型狩猎动物如兔、鹿等）、鸣叫次数（一般是针对鸟类）、毛皮收购记录（适用于产毛皮的动物）。

2.1.2.3 遗传特征

种群是同种的个体集合，具有一定的遗传组成，是一个基因库，但不同的地理种群存在基因差异。不同种群的基因库不同，种群的基因频率世代传递，在进化过程中通过改变基因频率以适应环境的不断改变。系统并不应该作为种群的一种特征，它只是一个种群及其以上都可以具有的性质，作为特征则过于牵强。

(1) 基因库(gene pool)

一个种群中全部个体的全部基因称为该种群的基因库。在一个种群的基因库中，某个基因占全部等位基因的比例称为基因频率。

哈迪-温伯格定律（Hardy-Weinberg equilibrium）也称遗传平衡定律，其主要内容为：在理想状态下，各等位基因频率和基因型频率在遗传中是稳定不变的，即保持基因平衡。该理想状态要满足5个条件：①种群足够大；②种群中个体间可以随机交配；③没有突变发生；④没有新基因加入；⑤没有自然选择。此时各基因频率和各基因型频率存在如下等式关系并且保持不变：设 $A=p$, $a=q$，则 $A+a=p+q=1$, $AA+Aa+aa=p^2+2pq+q^2=1$。哈代-温伯格定律对于一个大且随机交配的种群，基因频率和基因型频率在没有迁移、突变和选择的条件下会保持不变。

(2) 生殖隔离与地理隔离

不同种群的个体，在自然条件下无法相互交配或相互交配无法产生可育后代（如驴与马杂交产生骡）的情况被称作生殖隔离，生殖隔离可以区分不同物种或亚种，也就是说，生殖隔离是区分物种的标志。

生殖隔离往往由地理隔离产生，同一种群因地理因素（造山运动、大陆漂移等）被强行分开后，经过数亿万年的变异与自然选择就会形成不同的物种。

(3) 种群基因频率

一个种群中每个个体所含有的基因只是种群基因库的一个组成部分，某个基因在某个种群基因库中所占的比例称为该基因的频率，所有不同基因在种群基因库中出现的比例就组成了种群基因频率。在自然界中，由于存在基因突变、基因重组和自然选择等原因，种群基因频率总是在不断变化。自然选择实际上是选择某些基因，淘汰另一些基因，所以自然选择必然会引起种群基因频率的定向改变，进而决定生物进化的方向。

2.2　昆虫种群的空间动态

2.2.1　昆虫种群空间分布型的概念

种群是由个体组成的，但种群内个体的组合有一定的规律性。由于种群栖息地内生物的和非生物的环境间相互作用的关系，造成种群在一定空间内个体扩散分布的一定形式，这种形式也称为种群的空间分布型（spatial pattern）。种群的分布型不但因种而异，而且同一种内不同虫期、年龄、密度或环境等条件不同时，分布型也有差别。

2.2.2　昆虫种群空间分布型的类型

(1) 聚集分布——个体间相互吸引

样本方差与平均数差异极小，一般认为方差/平均数在 1.0~1.5 就符合聚集分布[图2-1(a)]，如蝗虫卵块。引起聚集分布的原因包括：①微地形差异；②繁殖特性所致；③种子不易移动而使幼树在母树周围或无性繁殖；④动物和人为活动的影响。

(2) 均匀分布——个体间相互排斥

方差大于平均数，一般认为比值在 15~30。大多数昆虫的各虫态属均匀分布[图2-1(b)]。引起均匀分布的原因包括：①森里中植物为竞争阳光（树冠）和土壤中营养物（根际）；②沙漠中植物为竞争水分；③地形或土壤物理形状的均匀分布使植物呈均匀分布。

样本方差小于平均数，个体与个体间的距离相等。符合平均分布的昆虫种群很多，如短翅型白背飞虱。

(3) 随机分布——个体间互不干扰

随机分布[图2-1(c)]比较少见。当一批植物（种子繁殖）首次入侵裸地上常形成随机分布，但要求裸地的环境较为均一。

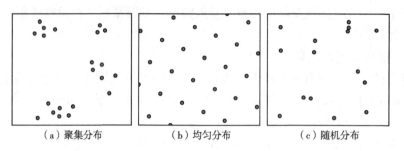

(a)聚集分布　　　　　(b)均匀分布　　　　　(c)随机分布

图 2-1　昆虫种群空间分布型

2.2.3　种群空间分布型的分析方法

2.2.3.1　离散频次分布方法

①对实测的各样方的个体数和总样方数计算各分布型的理论概率和理论频次；②用 χ^2 检验理论频次和实测频次间的吻合程度。调查和分析棉铃虫在田间的分布型（以株为单位），将调查资料整理为频次分布统计表（表2-1）。

表 2-1　频次分布统计表

每样方的卵数(x)	实测频次(f)	fx	x^2	fx^2
0	1745	0	0	0
1	193	193	1	193
2	33	66	4	132
3	11	33	9	99
4	4	16	16	65
5	2	10	25	50
6	1	6	36	36
Σ	2000	324	91	374

(1) Poisson 分布理论频次的计算——随机分布

概率通式为：

$$P_r = \frac{e^{-m} m^r}{r!} \tag{2-6}$$

式中　P_r——每个样方中具有 r 个个体的概率，$r=0, 1, 2, \cdots$。
　　　r——任意项的项数；
　　　e——自然对数的底数；
　　　m——种群的平均密度；
　　　!——阶层号。

因此，具有 r 个个体的 Poisson 理论频次分布值为：

$$f'_r = NP_r = Ne^{-m} m^r / r! \tag{2-7}$$

式中　r——各样方内昆虫数；

m——种群平均数,以 $\bar{x}=(\sum fx)/N$ 为估计值;

N——总调查次数;

e——自然对数的底数。

第一项计算出来后,可利用式(2-8):

$$\frac{f'_r}{f'_{r-1}}=\frac{Ne^{-m}m^r/r!}{Ne^{-m}m^{r-1}/(r-1)!}=\frac{m}{r} \qquad (2-8)$$

注意:N 要足够大;f'_k 不小于5,可将理论频次小于5的各项合并,合并后的 f'_k 要求大于5。

(2)核心(奈曼)分布理论频次的计算——聚集分布型

计算通式为:

$$P_k=\frac{m_1 m_2 e^{-m_2}}{k}\sum_{r=0}^{k-1}\frac{m_2^r}{r!}p_{k-r-1} \qquad (k>0,\ r\leqslant k-1) \qquad (2-9)$$

理论频次为:

$$f'_k=NP \qquad (2-10)$$

式中 m_2——相当于集团内平均个体数,等于 $S^2/\bar{x}-1=C-1$;

m_1——相当于抽样单位内平均集团数,等于 $\bar{x}/m_2$。

(3)嵌纹分布(负二项分布)理论频次的计算——个体分布疏密相嵌、很不均匀

这种分布被认为是适合范围最广的一种理论分布,其在田间的分布特点表现为极不均匀的嵌纹图式。

计算通式为:

$$P_k=\frac{K+k-1}{k!\ (K-1)!}Q^{-K-k}P^k \qquad (2-11)$$

理论次数为:

$$f'_k=NP_k=N\frac{(K+k-1)}{k!\ (K-1)!}Q^{-K-k}P^k \qquad (2-12)$$

式中 P——$(\sigma^2/M)-1=(S^2/\bar{x})=1$;

Q——$P+1$;

K——计算项数。

K 有很多算法,常用的有"距法",即

$$K=\mu/P=\bar{x}/P \qquad (2-13)$$

在计算出第一项 f'_0 后,以后各项可利用以下关系式递推:

$$\frac{f'_k}{f'_{k-1}}=\frac{k+r-1}{r}\times\frac{P}{Q} \qquad (2-14)$$

2.2.3.2 卡方(χ^2)检验

卡方(χ^2)检验检查 χ^2 表时的自由度,Poisson 分布为 $(n-2)$,负二项分布都为 $(n-3)$,凡计算的 χ^2 累计值大于该自由度下 $P_{0.05}$ 时的 χ^2 值,则其 $P<0.05$,表示理论分布与实际分布不相符合,也就是不属于该种分布型;反之,当计算的 χ^2 累计值小于该自由度下 $P_{0.05}$ 时

的 χ^2 值，则其 $P>0.05$，表示两者相符合。

2.2.4 种群聚集强度分析

用种群聚集强度指数(或称分布型指数)来分析判断昆虫种群的空间分布型的方法是在20世纪50年代后期发展起来的。它既可用来判断种群的空间分布类型，也可就种群中个体的行为、种群扩散型的时间序列变化提供一定的信息。分布型指数的种类和计算方法有10多种。

(1)扩散指数法(C指数法)

检验种群是否属于随机型的一个系数 $C=V/m$。C 遵从均数为1，方差为 $2n/(n-1)^2$ 的正态分布，那么 C 的95%的概率分布为：

$$\bar{x} \pm z_{1-\frac{\alpha}{2}} \frac{\sigma}{\sqrt{n}} = \bar{x} \pm 1.96 \frac{\sqrt{2}}{n-1} \tag{2-15}$$

判别指标：$C=[L, U]$，随机分布；$C=[U, \infty]$，聚集分布；$C=[L, U]$，均匀分布。

适应范围：同一地区不同物种种群或不同地区同一物种种群的比较。

(2) C_A 指数法(负二项分布 K 值法)

C_A 指数法的公式为：

$$C_A = \frac{V-m}{m^2} = \frac{1}{K} \tag{2-16}$$

判别指标：$C_A>0$ 聚集分布；$C_A<0$ 均匀分布；$C_A=0$ 随机分布。

适应范围：受样方大小影响，同一地区同一物种的不同种群比较(如防治田块与对照田块；比较化学防治与生物防治的指标)。

(3)扩散型指数法

以两个个体落入同一样方的概率与随机分布的比值 I_δ 为指标，公式如下：

$$I_\delta = \frac{\sum_{i=1}^{n} x_i(x_i-1)}{N(N-1)} = n \frac{\sum fx^2 - N}{N(N-1)} \quad (i=1, 2, \cdots, n) \tag{2-17}$$

式中 N——总虫数；

x_i——第 i 个样本中的虫口数；

n——抽样数。

判别指标：$I_\delta=1$，Poisson 分布；$I_\delta>1$，聚集分布；$I_\delta<1$，均匀分布。

(4)平均拥挤度

平均拥挤度(m^*)为每个个体同在一个样方中的平均其他个体数，公式如下：

$$m^* = \frac{\sum x_j(x_j-1)}{\sum x_j} \quad (j=1, 2, \cdots, n) \tag{2-18}$$

式中 x_j——第 j 个样方的种群个数；

n——样方总数。

判别指标为聚集指数 m^*/m：$m^*/m=1$ 随机分布；$m^*/m>1$ 聚集分布；$m^*/m<1$ 均匀分布。

特点：在比较不同田块、不同种群的聚集程度时消除了平均数和零样方对分布型的影响。

适用范围：连续生境的自由活动的有机体。

(5) Iwao 回归法

如果建立的直线回归关系成立时可用 a、b 值进行判断，即：

$$m^* = \alpha + \beta m \qquad (2-19)$$

α 表示分布的基本成分，有无个体群：$\alpha=0$，单体（无个体群）；$\alpha>0$，个体间相互吸引（有个体群）；$\alpha<0$，个体间相互排斥。

β 表示分布型：$\beta=1$，随机分布；$\beta>1$，聚集分布；$\beta<1$，均匀分布。

适用范围：各种生境、各种样本单位。

$\alpha=0$，$\beta=1$ 随机分布。

$\alpha>0$，$\beta=1$ 聚集分布，奈曼 A 型或 Poisson-正二项分布。

$\alpha=0$，$\beta>1$ 聚集分布，有公共 K 的负二项分布。

$\alpha>0$，$\beta>1$ 聚集分布，负二项分布。

(6) Taylor 指数法

种群的样本方差与平均数之间是函数关系，表达式为：

$$V = \alpha m^\beta \qquad (2-20)$$

意义：β 是聚集度对密度依赖性的指标，它能判断密度是否对分布型有影响。

判别指标：$\alpha=1$，$\beta=1$，随机分布；$\alpha>1$，$\beta=1$，聚集分布与密度无关；$\alpha>1$，$\beta>1$，聚集分布与密度有关；$\alpha<1$，$\beta<1$，均匀分布。

适用范围：分析一块或多块田内的调查结果。

2.2.5 研究种群分布型的意义

昆虫种群的空间分布结构是种群的特征之一，因为种群分布型的形成与每种昆虫的行为特性（包括取食、聚集、迁移扩散、繁殖等）与遗传特性都有密切的关系。因此，研究种群的空间分布型对于了解昆虫种群的猖獗、扩散的行为、种群的控制，以及种群的抽样和调查资料的数理统计处理都有一定的意义。

(1) 提高抽样技术的估值效应

为了提高害虫预测预报的准确性，估计害虫的为害程度以及有效进行防治，就要掌握虫害田间的虫口密度、发育进度及为害程度等发生动态的具体数据。要获得这些数据，只能进行田间抽样调查，只有选择适合于该种害虫的抽样技术（图 2-2），才能准确地估计实际虫口密度，使抽样误差最小。而抽样技术的有效性依赖于昆虫种群的分布型类型，如属于随机分布，一般应用简单随机抽样技术就可获得可靠的估值；如属于聚集分布，就要考虑其他的抽样模型或抽样方式、抽样单位的大小以及抽样数量等来使抽样误差为最小。因此，昆虫种群空间分布型的测定是进行抽样调查的前提和基础。

①随机分布种群数量调查时对取样方式、样方大小及数量要求不高。调查时常采取样

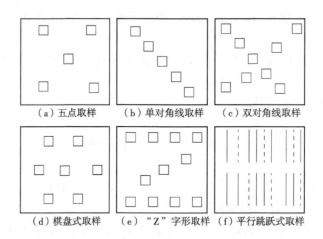

图 2-2 取样方法

方面积放大些，而样方数量适当减少些的原则进行抽样，如五点取样法可选定 15~25 个样方。

②聚集分布种群，调查时宜采取样方数量多、样方面积小的原则，以"Z"字形取样或棋盘式取样较好。

③通常来说，均匀分布和随机分布可采取五点式和对角线取样方法，核心分布宜采取棋盘式和平行跳跃式取样方法，嵌纹分布宜采取"Z"字形取样方法。

(2) 提高对害虫种群田间试验设计的质量

对某种害虫进行田间试验时，如预先了解该种害虫的分布型，便可对试验误差大小有所估计，就可利用设计方法来控制试验中的误差。如属随机分布可以用随机排列进行试验，如属聚集分布则可利用局部控制或加多小区来增加试验的准确性。

(3) 对种群调查或试验资料进行数理统计

如属随机分布时，必须把资料进行平方根转换；如属聚集分布时，则需要进行对数转换，才能使均数(m)与方差(S^2)独立。

(4) 生物防治的意义

当害虫属于聚集分布而天敌亦属于不随机寻找时，则寻找效应高，即控制作用大；当害虫属于随机分布而天敌属于不随机寻找时，则寻找效应低，即控制效果差。

(5) 增进对害虫种群行为特性的了解

通过对种群分布型的研究，不仅可以了解害虫的猖獗指标时间序列中的空间结构变化，还可了解种群的行为特性。如种群由聚集度降低或由聚集分布变化为随机分布，则说明昆虫将发生或已发生扩散或迁飞行为。

2.3 昆虫种群的数量动态

昆虫种群在时间、空间两个维度数量变动的规律属于种群动态理论的范畴。种群的动态可以看作种群发生、发展过程的纵断面，而与此相对应的，可以把某个特定时间种群密度、空间分布格局看作种群的"静态",是种群发生、发展过程的横断面。一般认为,种群数量是种群动态研究的核心问题,也是整个种群生态研究的重点。

昆虫种群的数量动态取决于两方面因素:一是种群内在的因素(生理、生态特征及适应性);二是内在因素与栖息地各外在因素间特殊的联系方式。由于种群的种的特性及反应栖息地的地理特征(如地形、区域性气候、植被种类等)在一定的空间及相当长的时间内都是相对稳定的,如种的遗传特性,一个地区的地形特性、气候类型(如总积温、降水量总、光照周期等),两者结合形成种群数量的动态类型,与昆虫的形态结构及生活方式一样,均是在一定条件下种的特性。

2.3.1 昆虫种群的数量动态

2.3.1.1 引起昆虫种群数量波动的因子(图2-3)

$$V_t = V_g + V_e + V_{ge} + V_r \tag{2-21}$$

2.3.1.2 昆虫种群数量的年际动态

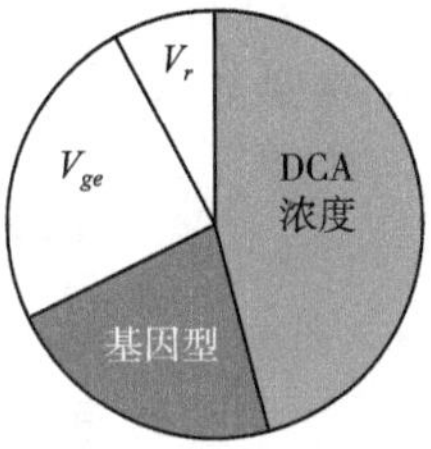

(1)年际数量动态的周期性波动

少数昆虫种群数量的年际变化呈现周期性波动,这种周期性与种群自身的遗传特性及昆虫与寄主间的相互作用有关。例如,欧洲松尺蠖年际数量动态的周期性波动:在19世纪末大约间隔6年,而20世纪初则出现11年的周期。瑞士学者研究显示,松线小卷蛾在落叶松林中年际数量波动有明显周期现象,周期为8~9年,平均为(8.4±0.4)年。这种周期性大发生的原因主要是落叶松-松线小卷蛾系统本身的相互依存、相互制约的关系。一般认为,我国松毛虫大发生的周期为3~4年。

图2-3 各因子在引起大型溞种群数量变化时的贡献

(2)年际种群数量的非周期性波动

种群数量的非周期性波动由环境因子变化的随机性决定,绝大多数昆虫属于此种类型。例如,滨湖蝗区干旱年份水位下降,滩面随水位下降而扩大,适宜成虫选择产卵的面积增大,蝗情就重。如微山湖蝗区,4~5月常干旱,湖水下降,夏蝗大量集中产卵,滩地大量抛荒,并有一定土壤水分,生长有低矮、稀疏的芦苇、茅草、盐蒿、莎草等蝗蝻喜好的食料植物,卵块孵化后蝗蝻呈高密度适生种群,有利于秋蝗的大发生,若连续干旱,则翌年或第3年夏蝗仍有可能大发生。内涝及河泛蝗区,汛期易涝、渍、无法耕种,水退后不能及时耕种,大面积抛荒或粗放耕作,也可能成为飞蝗的滋生地,导致下一代群居型飞蝗大发生。在滨湖蝗区和内涝蝗区相结合的蝗区,由于湖水涨落不定,干旱年份滩地裸露,蝗区面积大,而大水年份湖滩淹没,飞蝗就向邻近内涝地区扩散,因此不论干旱或水涝年份都有飞蝗发生。

(3)年际种群密度趋于稳定的类型

在不同年份间昆虫种群密度基本处于同一密度水平状态,主要是外界大区域的主导环境条件常年处于适生范围或抑制范围所致。以水稻三化螟为例,在水稻栽培推行早、中、晚稻混栽的地区,三化螟种群密度常年维持在高水平状态;相反,在推行纯双季稻或纯单季早中稻的地区，三化螟种群则常年维持在低水平状态。

在寄主多样性较稳定的状态下，捕食性天敌年际种群数量常稳定为一定水平。据调查，苏南地区稻田的捕食性蜘蛛群落的总体数量在水稻栽插后持续上升，直至水稻抽穗后期蜘蛛数量升至最高峰，年际常稳定在 $150 \times 10^4 \sim 300 \times 10^4$ 头/hm^2。其中早稻或早中稻田中捕食性蜘蛛群落的数量较少，而晚稻田则较高。

2.3.1.3 昆虫种群在地理上的数量波动

种群在一定空间上的数量分布是以种群种的特征及其与栖息地内生物群落的组成和物理化学环境间的矛盾所决定的。在自然界经常可以看到一种害虫在其分布区域内不同地区间种群密度差异很大的现象。有的地区这种害虫常年发生较多，种群密度常年维持高水平状态，其猖獗频率也很高，这样的地区称为该种群密度高相对稳定区，也称为发生基地、发生中心、主要发生地或适生区等。在这种区域内，对该种害虫几乎每年都需要进行防治工作；另一些地区该种害虫密度常年维持在低水平状态。介于两者之间的为种群密度波动区，也就是该种害虫在有的年份发生多，有的年份则发生很少，不需要进行防治，这就是种群在地理上(或栖息内)的数量分布动态(图 2-4)。

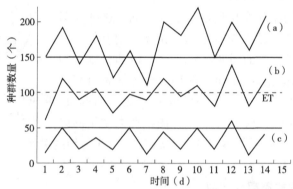

(a)种群密度高相对稳定区(型)；(b)种群密度波动区(型)；(c)种群密度低相对稳定区(型)。

图 2-4 昆虫种群在地理上的数量波动

2.3.1.4 昆虫种群密度的季节性数量波动

(1) 昆虫种群密度季节性消长类型

昆虫的种群密度随着季节的演替而起伏波动，这种波动在一定的空间内具有相对的稳定性，形成了种群季节性消长类型。在一化性昆虫中，季节消长比较简单，在一年内种群密度常只有一个繁殖期，其余时间都呈减退状态。在长江流域，小麦吸浆虫在 4 月中旬至 5 月中旬为繁殖期，其余时间生存数量均减退。一化性昆虫的季节性消长动态常与滞育的特性关系密切；多化性昆虫的季节性消长复杂得多，其因地理条件而变化很大。以下为长江流域几种重要害虫种群的季节消长模式(图 2-5)。

①斜坡型。种群数量仅在前期出现生长高峰，以后各代逐渐下降，如小地老虎、黏虫、豌豆潜叶蝇、稻蓟马、麦叶蜂、芫菁叶蜂等。

②阶梯上升型。逐代逐季数量递增，如玉米螟、红铃虫、三化螟、棉大卷叶虫、棉铃虫。

③马鞍型。常在春秋季出现数量高峰,夏季下降,如棉蚜(夏季发生伏蚜的地区除外)、萝卜蚜、桃赤蚜、麦长管蚜、黍缢管蚜、菜粉蝶、麦蜘蛛等。

④抛物线型。常在生长季节中期出现高峰,前后两头发生均少,如大豆蚜、高粱蚜、斜纹夜蛾、稻苞虫、棉红叶螨等。

(2) 昆虫种群密度季节性消长的因素

昆虫种群的季节性波动是由种的主要特征及其与栖息地生态系统内气候、食物及天敌的季节性变动间的互相联系引发的。根据诱发因子的不同可划分为以下几种类型。

①以种群对气候的适应性为内因,以栖息地气候条件为主导诱发因子。如小地老虎的发育适温为 14~20 ℃,凡气候适宜的季节也为种群的发生季节,在浙江、四川等地为春季,广州则为晚秋、冬季及早春。又

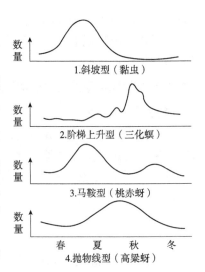

图 2-5　长江流域几种害虫种群季节性消长模式

如斜纹叶蛾的发育适温为 25~30 ℃,当气候高达 40 ℃时,对其生存环境影响不显著,因此,该种的多发季节常在夏季。

②以种群对气温的适应或其食性为主要内因,气候或食料条件为主导诱发因子。如水稻三化螟的发育繁殖适温为 29~30 ℃,其幼虫的侵入及营养要求与水稻各生育期间的关系极为密切。在分蘖期、孕穗期、抽穗期前后对其侵入、生存均有利,而秧苗、返青期、圆秆期及抽穗后期则均不利;在江苏地区,当遇 3~4 月雨量大、雨日多、气温低的年份,其越冬幼虫、蛹死亡率高,第 1 代发生受抑制;而当遇气候适宜的季节,2~3 代幼虫盛孵期与水稻各感虫生育期间的吻合程度常为当地多发季节的主导因素,并且由于这种吻合程度在不同地区及不同年份的变异,形成三化螟在各地区或年份内季节性多发期的差异。

③以外界天敌种群密度的季节性消长为主导诱发因子。如银纹夜蛾在江苏徐州一带历年常以 7 月上旬的第 2 代密度最大(如 1960 年,100 株大豆有幼虫 188~1168 头),由于第 2 代蛹期及第 3 代幼虫期遭受一种小茧蜂及病菌的寄生,致使以后各代密度急剧下降。

2.3.2 昆虫种群的生长型

昆虫种群在一定环境条件下数量的增加或减少与其出生率、死亡率、年龄配组、迁移等密切相关。在自然条件下,任何种群与生物群落中的其他生物都是密切相关的,不能从中孤立开来,但是为了了解种群的增长与动态规律,往往从研究单种种群开始。严格来说,真正的单种种群只存在于实验室内,在自然界中,真正的单种种群即使存在也是极少的。在自然界中一种昆虫的种群,总是和生物群落内其他一些物种的种群共同存在。尽管这样,通过对单种种群数量动态的研究,有助于我们了解种群数量动态的一般规律以及环境因素对种群数量动态的影响。

无限环境分为两大类:一类是最优的环境条件,包括食物的数量不受限制,空间足够大,种群密度保持最适水平;另一类不一定最优,但控制在特定条件下,包括一定的食物

质量，一定的温度、湿度和光照。

种群在无限环境下的数量动态模型，按时间函数的连续或不连续可分为两大类：世代离散型和世代连续型。

2.3.2.1 世代离散型的数量动态模型

(1) 生长型模型

某些昆虫，特别是在温带地区生活的昆虫，每年只发生1代或少数几个世代，而且成虫发生期极为短暂。在这种情况下，种群实际上是由1个世代所组成，没有或很少有两个相连世代的重叠现象，则该种群的数量动态属于离散型，种群数量动态可用式(2-22)表示：

$$N_{t+1} = R_0 + N_t \tag{2-22}$$

式中　N_{t+1}——种群在 $t+1$ 世代时的雌虫数量；

　　　N_t——种群在 t 世代时的雌虫数量；

　　　R_0——净增殖率，即世代倍增率。

(2) 净增殖率

净增殖率 R_0 是指每代雌虫所产生的雌后代数或每雌产雌数 (N_t/N_0)。

$$R_0 = 第 t+1 世代的雌性幼体出生数/第 t 世代的雌性幼体出生数$$
$$= \sum l_x m_x \tag{2-23}$$

式中　l_x——年龄特定存活率；

　　　m_x——年龄特定生育率。

假定在一个繁殖季节 t_0 开始时有 N_0 个雌体与同等量的雄体（这样可以简单地以雌体产生雌体来表示种群增长），其产卵量为 B，总死亡率为 D，假设种群没有迁入和迁出，那么到下一年 t_1 时，则该种群数量 N_1 为：

$$N_1 = N_0 + B - D \tag{2-24}$$

例如，开始时有10个雌体，到第2年为200个，一年增长20倍。现以 R_n 代表种群在两个单位时间的比率，即 $R_0 = N_1/N_0 = 20$。

如果种群在无限环境中年复一年地以这个速率增长，则 $N_0 = 10$，$N_1 = N_0 R_0 = 200$，$N_2 = N_1 R_0 = 4000$，$N_3 = N_2 R_0 = 80\ 000$，…，$N_t + 1 = N_t R_0$ 或 $Nt = N_0 R_0 t$。

将方程 $N_t = N_0 R_0 t$ 两边同时取对数，可得

$$\lg N_t = \lg N_0 + (\lg R_0) t_0 \tag{2-25}$$

若以 $\lg N_t$ 对 t 作图，可得一条直线，其中 $\lg N_0$ 为直线的截距，$\lg R_0$ 为直线的斜率。

模型 $N_{t+1} = R_0 N_t$ 表示种群具有恒定的增长率 R_0，其 R_0 未受种群密度和其他因素的影响，为不具密度效应的离散的数量动态模型。

2.3.2.2 世代连续型的数量动态模型

(1) 在无限环境的世代连续型数量动态模型

此模型适于寿命很长的大型动物或生活史极短的世代完全重叠的菌类。对生活史很短、每年发生多代、世代多少有不同程度的重叠的昆虫也能适用。

平均世代长度 T 为：

$$T = \sum x_l m_x / R_0 \qquad (2\text{-}26)$$

在上述无限环境下，如果一个世代重叠理想种群的瞬时出生率与瞬时死亡率趋向一个常数，并且种群的增长是连续的，没有迁入和迁出，那么该种群的数量动态可用下列微分方程表示：

$$dN/dt = bN - dN = (b-d)N \qquad (2\text{-}27)$$

式中　dN/dt——种群瞬时增长率；
　　　b——瞬时出生率；
　　　d——瞬时死亡率；
　　　N——种群数量或密度；
　　　$(b-d)$——内禀增长能力，即 r_m。

于是上式变为：

$$dN/dt = r_m N \qquad (2\text{-}28)$$

式中　dN/dt——种群瞬时增长率。

其积分方程为：

$$N_t = N_0 e^{r_m t} \qquad (2\text{-}29)$$

式中　N_t——t 时刻的种群数量；
　　　N_0——t_0 时的种群数量；
　　　e——自然对数的底数；
　　　r_m——内禀增长能力。

内禀增长能力 r_m 是指具有稳定年龄组配的种群，在食物数量与空间不受限制、同种其他个体的密度维持最适水平、已在环境中排除其他有机体(包括天敌等)的情况下，在某一特定的温度、湿度、光照与食物性质的环境条件配合下，这一种群的最大瞬时增长率。r_m 的计算公式为

$$r_m = \ln R_0 / T \qquad (2\text{-}30)$$

例如，有一种群，$N_0 = 100$ 头，$r_m = 0.5$，时间单位为年，其中 0~5 年的增长数量见表 2-2。根据表 2-2 中的数据，以种群数量对时间(年)作图，种群呈"J"形增长。

表 2-2　种群增长数量

年份	$N_t = N_0 e^{r_m t}$	种群数量
0	100	100
1	$100 \times e^{0.5}$	165
2	$100 \times e^{2 \times 0.5}$	272
3	$100 \times e^{3 \times 0.5}$	448
4	$100 \times e^{4 \times 0.5}$	739
5	$100 \times e^{5 \times 0.5}$	1218

(2) 在有限环境的数量动态模型

在以下分析中，假定了种群在增长过程中，环境资源是有限的。食物资源、空间等条件受到限制，使种群不可能达到内禀增长能力（r_m）。当种群增加到一定程度（环境负荷量K）时，种群不再继续增加，即

$$\mathrm{d}N/\mathrm{d}t = 0 \tag{2-31}$$

无限环境中种群数量指数增长曲线和有限环境中逻辑斯谛增长曲线如图2-6所示。

描述逻辑斯谛增长过程的方程式称为逻辑斯谛方程。图2-6中指数增长曲线与逻辑斯谛增长曲线之间的阴影部分，表示指数增长与逻辑斯谛增长之间的差距，称为环境阻力，也就是由于环境阻力造成指数增长与逻辑斯谛增长之间的差距。假定每当种群增加一个个体，将立即对种群产生一种压力，使种群的实际增长率下降一个常量（C），C称为拥挤效应，因此，当种群数量为N时，种群的实际增长率为：

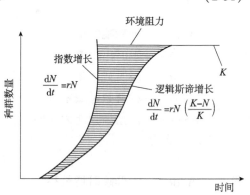

图2-6 逻辑斯谛增长曲线

$$r = r_m - CN$$

于是，在有限环境下种群数量动态可用微分方程表示为：

$$\mathrm{d}N/\mathrm{d}t = N(r_m - CN) = N_r \tag{2-32}$$

当$N=K$时，则$\mathrm{d}N/\mathrm{d}t = 0$，$r = r_m - CN = 0$，代入公式得

$$C = r_m/N = r_m/K = N(r_m - r_m/K) = r_m N(1 - N/K) = r_m N(K-N)/K$$

式中 $(K-N)/K$——种群增长率随种群密度逐渐接近饱和值K时而相应减少的修正项或矫正项。

当$N \to 0$，则$(K-N)/K \to 1$；当$N=K$时，则$(K-N)/K = 0$；当N由$0 \to K$变化时，则$(K-N)/K$由$1 \to 0$。以$(K-N)/K$乘以$r_m N$，可以理解为r_m能实现的程度逐渐地变小。

逻辑斯谛增长的积分方程为：

$$N_t = \frac{K}{1 + \mathrm{e}^{a - r_m t}} \tag{2-33}$$

式中 N_t——t时刻的种群数量；

K——环境负荷量；

e——自然对数的底数；

a——新的参数，其值取决于初始种群N_0。

(3) 逻辑斯谛假设

不存在时滞效应，出生率与死亡率对密度变化的反应是即时的；环境足够稳定，K为常数；具有稳定年龄组配；拥挤效应对种群的所有个体都相等；密度制约时刻存在，甚至在低密度下种群增长也受其制约；在有性繁殖的种群中，雌性个体总能找到配偶。

(4)逻辑斯谛适用范围

①一般只适用于生活史单纯、生活史相对短的、世代完全、明显重叠的低等生物(如细菌、原生动物等)。

②适用于某些世代多、繁殖快的昆虫的中短期预测。

③适用于发育期特别长、寿命长、有稳定年龄组配的高等脊椎动物。因为在这些生物种群中年龄组配对未来数量的影响处于次要地位,或者是有比较稳定的年龄组配。

对于大多数昆虫来说,常一年发生几个世代,各世代间既有重叠,又不完全重叠,因此数量的增长也不完全连续。同时,昆虫常有复杂的生活史,有变态发育,因此常存在明显的时滞效应。在中长期预报中,最好采用适于描述世代离散种群动态的差分方程来代替描述连续过程的微分方程。

(5)昆虫种群数量变动的其他规律

①时滞方程:

$$\frac{dN}{dt}=rN\frac{K-N(t-T)}{K} \tag{2-34}$$

②有限环境条件下种群数量的无级攀登方程曲线(图2-7)。

③幂函数曲线(图2-8):

$$y=axb \tag{2-35}$$

④指数曲线(图2-9):

$$y=a\exp(bx) \tag{2-36}$$

⑤二次曲线(图2-10):

$$Y=a+bx+cx^2 \tag{2-37}$$

图2-7 无级攀登方程曲线

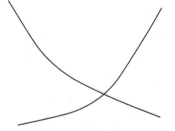

图2-8 幂函数曲线

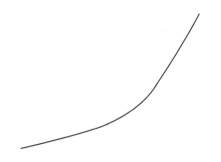

图2-9 指数曲线

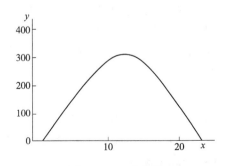

图2-10 二次曲线

2.3.3 昆虫种群数量波动的原因

(1) 内因

种群数量波动的内因包括种群繁殖力、发生世代数、生长发育特点,以及对气候、食物等条件的生态适应性。如昆虫的最高(低)适应温度、对食料的反应、休眠或滞育的特性,以及种的迁飞、扩散分布能力等。

(2) 外因(常为种群暴发系统的触动因子)

①食物营养。食物营养是昆虫生存的必要条件(植物的种类、分布面积、发育阶段、品种特性、生长状况,以及其内部所含的昆虫营养物质及次生物质等)。

②气候的三要素。气候的三要素为光、热、水,尤其需要注意总积温、雨季分布、异常气候条件。

③种群的发生与寄主的物候关系。如种群的发生与寄主的物候在时间上不符合则必然不利于种群的发展。在农业上寄主的物候现象常受到人为的控制。耕作制度、品种布局、播种期及田间各项管理措施、杀虫剂的应用等,都对种群的消长产生巨大的影响。

④各代各虫期的天敌。种群各代各虫期天敌的种类、数量发展状况,与寄主昆虫在发生数量上的密切关系,天敌的发生与非生物因素的变动关系。

2.3.4 昆虫种群数量变动机制

2.3.4.1 昆虫种群数量平衡及其调节理论

影响种群出生率、死亡率和迁移率的各种因素都对种群数量波动起作用。对于昆虫种群波动的重要原因及种群自然调节机制,各学者的观点不同,主要有以下 5 个学派。

(1) 生物因素学派

生物因素学派认为昆虫种群是一个自我管理系统,能按自身的性质和环境状况调节其密度,使种群密度在环境中呈平衡状态,如捕食、寄生和对共同资源的种间、种内竞争。代表人物:Howard et al.(1911)、Nicholson(1933)、Smith(1935)、Lack(1956)、Soloxm(1949、1957、1964)、Milne(1957)等。

(2) 气候因素学派

气候因素学派认为昆虫种群密度的波动主要受当地的气候条件对种群的发育速率和存活率的影响,尤其是对昆虫幼期种群密度影响比较大,所以气候因素是决定因素,而生物因素则对昆虫种群密度影响不显著。该学派反对将环境因素分为密度制约因素和非密度制约因素及平衡密度等概念。代表人物:Bodenimer(1928)、Uvarov(1931)、Thompson(1929、1956)、Andrevwarth et al.(1954、1960)等。

(3) 综合因素学派

综合因素学派认为单纯从生物因素或气候因素来分析昆虫种群数量的波动是片面的,因为它们在不同条件下,不同昆虫种间所起的作用不同。代表人物:Buktpob(1955)。

(4) 动态平衡学派

动态平衡学派认为昆虫种群数量能维持在一定水平,是由于种群与生境之间建立了一种动态平衡关系，动态平衡的种群在长期波动中呈现3种过程：调节过程、变动过程、条件过程。代表人物：Richards(1968)、Clarks(1954)。

(5) 自动调节学派

自动调节学派以内源性因素分析说明昆虫种群数量的波动，认为昆虫的行为、生理、遗传影响种群的出生率、死亡率和迁移率，引起种群数量的波动。昆虫种群数量波动的原因十分复杂，在不同的时空条件下，环境因素和自我调节的作用过程都不一样，即引起种群数量波动的主导因素也不相同，应因虫、因地、因时因环境条件进行具体分析。代表人物：Ford(1931)、Chitty(1955、1960)。

2.3.4.2 自然调节的进化意义

过去曾认为自然选择的进化时间过程是很缓慢的，但Ford(1975)指出，可能这种进化作用很迅速，从而使进化的时间进度接近了生态时间进度，这是因为有机体数量的变动是通过种群中个体的遗传性变异引起的。种群的自动调节又是怎样受进化变化影响的呢？Pimental(1961)指出这种进化作用是通过基因反馈机制实现的，即进化变异是由基因反馈机制控制的，这种反馈机制协调着对立的双方：寄主和害虫；食草动物和植物；捕食者和被捕食者，他认为自然种群调节是以进化过程为基础的。基因反馈系统如图2-11所示。

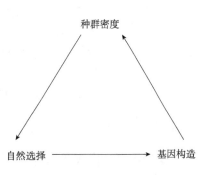

图 2-11 基因反馈系统

2.3.5 研究种群数量变化的意义

(1) 野生动物资源利用和保护

研究种群数量变动规律，为人工养殖及种植业合理控制种群数量提供理论指导；为野生资源的适时捕捞、采伐等提供理论指导。

(2) 濒危动物种群的拯救和恢复

研究种群数量变动规律，可依据 K 值建立自然保护区、改善动物生存环境等。例如，大熊猫栖息地遭到破坏后，由于食物的减少和活动范围的缩小，其 K 值就会变小。这是大熊猫种群数量锐减的重要原因。因此，建立自然保护区，给大熊猫更宽广的生存空间，改善它们的栖息环境，从而提高环境容纳量，是保护大熊猫的根本措施。

(3) 有害动物的防治

研究种群数量变动规律，为害虫的预测预报提供科学依据，已证明杀虫效果最好的时期是潜伏期(越早越好)。

2.4 昆虫种群生命表

2.4.1 生命表的概念、特点和应用

(1) 生命表的概念

生命表是指将一定种群的死亡数量、死亡原因、死亡年龄(时间)等资料列成表，以便分析

该种昆虫种群生活史过程中引起数量变动的原因,是研究昆虫数量动态的重要方法之一。

(2) 生命表的特点

系统性:系统地记录了自然条件下和实验条件下昆虫种群在整个世代从开始至结尾的生存或生殖的情况。

阶段性:分阶段地记录了各虫态、各年龄或各年龄组的生存和生殖情况。

综合性:记录了影响种群数量消长的各种生物和非生物因素的作用形式。

关键性:通过对关键因子的分析,找出在错综复杂的综合因素中的关键因子和关键虫期。

(3) 生命表的应用

①用于害虫的数量测报(由描述性的定性化向解释性的定量化的转变)。

②用于评价各种防治措施对控制害虫数量的作用。不仅能精确分析出单项措施在某个特定时刻的防治效果外,还能从整个种群数量变动的估值来评价防治措施的最终效果。

③用于害虫的科学管理。

④用于害虫种群数量变动和模式化表达,即模型的建立。

2.4.2 生命表的类型及基本形式

生命表有特定时间生命表和特定的年龄生命表两种类型,分别适用于世代重叠和世代较离散的昆虫。

(1) 特定时间生命表

特定时间生命表是指在昆虫种群是静止(后一时间的种群与前一时间的种群的数量比基本上为1)而世代重叠、年龄组配稳定的前提下,在特定的单位时间内(如月、旬、周、日等)的一种生命表。

特定时间生命表可获得在特定时间内种群的存活率和出生率,适用于世代和年龄组配重叠的昆虫,可用于估算种群在各时间内的死亡率、平均生命期望值和世代平均时间,但不能分析死亡原因和关键因素。

存活生命表是指在特定时间内对种群随机抽样,检查各期的个体数,其个体数差即死亡数,推算各期的死亡率和平均生命期望值。表2-3即为假设的存活生命表。

表2-3 假设的某虫存活生命表

x	l_x	d_x	$1000q_x$	L_x	T_x	e_x
1	1000	300	300	850	2180	2.18
2	700	200	286	600	1330	1.90
3	500	200	400	400	730	1.46
4	300	200	667	200	330	1.10
5	100	50	500	75	130	1.30
6	50	30	600	35	55	1.10
7	20	10	500	15	20	1.00
8	10	10	1000	5	5	0.5

表中 x——按年龄或一定时间划分的单位时间期限(如日、月);

l_x——第 x 单位时间存活的数量;

d_x——第 x 单位时间死亡数量,即 l_x-L_{x+1};

$1000q_x$——第 x 单位时间内死亡率×1000,$(d_x/L_x)\times 1000$;

L_x——第 x 单位时间到第 $x+1$ 单位时间时的生存个体平均数,即 $(l_x+L_{x+1})/2$;

T_x——L_x 栏从底层向上累加的共计数,$T_x=L_x+L_{x+1}$,即剩余总寿命;

e_x——平均生命期望值(x 单位时间后的个体平均寿命),如 $e_x=T_x/L_x$ 为该虫 x_1 单位时间的理论平均寿命。

生命表中只有 l_x 和 d_x 是实际观测值,其他各栏都是统计数值。下面是横列中各项的计算推导方法:

$$L_{x+1}=l_x-d_x$$

如

$$14=13-d_3=500-200=300$$

则

$$L_x=(l_x+l_{x+1})/2 \text{ 或 } L_x=l_x-1/2d_x$$
$$L_2=700-200/2=600$$
$$T_x=L_x=L_x+L_{x+1}+L_{x+2}$$
$$T_3=L_3+L_4+L_5+L_6+L_7+L_8=400+200+75+35+15+5=730$$
$$E_x=T_x/l_x \quad e_1=2180/1000=2.18 \quad e_4=330/300=1.1$$
$$1000q_x=d_x/l_x\times 1000, \quad 1000q_1=300/1000\times 1000=300$$

(2) 特定年龄生命表

特定年龄生命表是以种群年龄作为划分时间的标准,系统观察并记载不同发育阶段或年龄区组中的死亡数量、死亡原因以及成阶段的繁殖数量,见表 2-4。

$$\text{期望卵量}=\text{正常雌蛾数}\times\text{每雌蛾的最大产卵量}=160/2\times 200=16\,000$$
$$\text{实际卵量}(N_2)=20/2\times 200=2000$$
$$\text{趋势指数}=N_2/N_1=2000/6000=0.33(\text{种群数量的增长倍数})$$

表 2-4 一个理想种群生命表

年龄(虫期)	存活数 l_x	死亡原因 d_xF	死亡数 d_x	死亡率 $100q_x(\%)$	存活率 S_x
卵(N_1)	6000	寄生	3000	50	0.5
一龄幼虫	3000	天气	2000	67	0.33
二龄幼虫	1000	寄生 捕虫 小计	200 300 500	20 30 50	0.5
蛹	500	寄生或捕食	100	20	0.8
成虫	400	性比(雌虫占 40%)	80	20	0.8
雌蛾×2	320	生育力下降	160	50	0.5
正常雌蛾×2	160	成虫扩散与死亡	140	88	0.12

表 2-5 为吴坤君等(1977)在江西省观察和组建的第 4 代棉铃虫在棉田的自然种群生命表,以预测第五代棉铃虫卵量及其种群增长趋势。

表 2-5 第 4 代棉铃虫自然种群生命表

发育期 x	每一虫期开始时存活数 l_x	死亡原因 d_xF	每一虫期内死亡数 d_x	死亡率 q_x（%）	存活率 S_x（%）
卵期	1000.0	捕食性天敌 寄生性天敌 自然损失(未受精等) 合计	106.5 76.5 74.5 257.5	10.65 7.65 7.45 25.75	74.25
孵代期	742.5	捕食性天敌 胚胎天敌 自然损失 合计	60.1 27.8 352.7 440.6	8.10 3.75 47.50 59.35	40.65
1~3 龄幼虫期	301.8	捕食性天敌 寄生性天敌 自然死亡 合计	137.2 6.7 40.3 184.2	45.43 2.23 13.34 61.00	39.00
4~6 龄幼虫期	117.7	捕食性天敌 寄生性天敌 合计	39.8 0.2 40.0	33.80 0.20 34.00	66.00
蛹期	77.7	灌溉等	32.6	42.00	58.00
成虫 ♀×2	45.1 44.2	性比(♀:♂=49:51)	0.9	2.00	98.00
全世代			955.8	95.58	4.20

2.4.3 种群生命表的分析

(1) 关键虫期和关键因素的判断

关键虫期和关键因素是指某一虫期和某一因素能极大地影响昆虫整个种群未来数量变化的虫期和因素。进行关键虫期的分析,至少要有 5 年或 5 年以上的同代次的生命表资料才能进行合理的变量分析。常用的方法有 K 值图解法和相关回归分析法。

① K 值图解法。K 值是前后相邻的两个发育阶段(或因素)的存活虫数(l_x)的比值的对数值,公式如下:

$$K_1 = \lg\left(\frac{l_{x_i}}{l_{x_{i+1}}}\right) = \lg l_{x_i} - \lg l_{x_{i+1}} \tag{2-38}$$

全世代各发育阶段的 K 值之和,称为 K(总 K 值),即

$$K = \sum_{i=1}^{n} K_i = K_1 + K_2 + K_3 + \cdots + K_n \tag{2-39}$$

以年份为横坐标,以 K 值为纵坐标,绘制总 K 值和各发育阶段(或各因素)(K_i)的坐标图,看哪一发育阶段(或因素)的图像与总 K 值的图像最为相似,则这一发育阶段(或因

素)即为关键虫期(或关键因素)。

②相关回归分析法。此法包括斜率法和决定系数法两种。

斜率法：以各发育阶段(或各因素)的K_i值为自变量(x)，全世代总K值为因变量(y)；或以各发育阶段(或各因素)的存活率(或死亡率)的对数值为自变量(x)，以下代虫数(或种群增长指数I)的对数值为因变量(y)，代入下式，分别求得各自的斜率(b)。

$$b = \frac{n\sum xy - \sum x \sum y}{n\sum x^2 - (\sum x)^2} \tag{2-40}$$

当$b>1$时，b值最大的发育阶段(或因素)为关系虫期(或关系因素)；当$b<1$时则反之。

决定系数法：将各发育阶段(或因素)的自变量(x)和因变量(y)，代入式(2-41)，分别求得各发育阶段(或各因素)的决定系数(r^2)，即相关系数(r)的平方。其中发育阶段(或因素)的值最大者，即为关键虫期(或关键因素)。

$$r^2 = \frac{(n\sum xy - \sum x \sum y)^2}{[n\sum x^2 - (\sum x)^2][n\sum y^2 - (\sum y)^2]} \tag{2-41}$$

(2)种群控制指数

庞雄飞(1990)提出利用种群控制指数(index of population control，IPC)来分析种群数量动态。种群控制指数是指以被因素作用的种群趋势指数I'与原有种群趋势指数I的比值，即IPC=I'/I，故IPC值是引起种群趋势指数改变的倍数。趋势指数即增长指数。

$$I = N_1/N_0 \tag{2-42}$$

种群控制指数是分析控制因素对种群系统控制作用的一个指标。如作用因素I的控制指数为：

$$IPC = I = 1/S_1 \tag{2-43}$$

如作用因素为n个，则控制指数为：

$$IPC(s_1, s_2, \cdots, s_n) = \frac{1}{s_1} \cdot \frac{1}{s_2} \cdot \frac{1}{s_3} \cdots \frac{1}{s_n} \tag{2-44}$$

种群控制指数的测定也可用于综合分析天敌、药剂防治等对种群数量发展的影响程度，以评价不同防治措施的效果。

(3)种群的存活曲线

存活曲线是指在某一特定时刻，种群中的同龄个体随时间移动而减少的现象，可以用一条曲线来表示，这条曲线称为存活曲线。如以发育阶段(年龄)为横坐标、存活数(或存活率)为纵坐标绘成的不同发育阶段的存活数(L_x)曲线。存活曲线是建立预测预报的基础，了解农业害虫的存活曲线可明了其易遭伤亡的发育阶段，以分析确定适宜的防治时期。

Deevey(1950)比较了各种动物的生命表，将存活曲线大致分为以下3种类型。

Ⅰ型：这类动物中，绝大多数个体均能实现其平均寿命，待达到其固有的寿命时，几乎同时死亡，也就是说，死亡率主要发生在年老的个体，L_x曲线呈现明显的上拱形。当存活曲线为该类型时，生命期望e_x将随年龄的增加而增加。

Ⅱ型：这类动物在各年龄组均维持同样的死亡率，亦即每个单位时间内或年龄组内死亡数相等，因此L_x曲线呈直线型，即e_x呈常数。此外，还有算术直线型，即每单位时间内的死亡数为常数；对数直线型，即每单位时间内的死亡率为常数。

Ⅲ型：这类动物在幼年有极高的死亡率，因此 L_x 曲线呈下拱形，这时 e_x 将随年龄增加而减小。

2.5 种群的生态对策

昆虫在进化过程中，经自然选择获得的对不同生境的适应方式，称为生态对策，又称为生活史对策。昆虫的生态对策是其对生态环境适应能力的体现。生态对策是物种在不同的栖境上长期地演化的结果。

昆虫的生活史对策是多样的，包括个体的、种群的、行为的、生理的各种对策之总和。对环境的不确定性的反应之灵活性是生活史进化的要素。

2.5.1 生态对策概念及类型

(1) 生态对策的概念

生态对策即昆虫在进化过程中，经自然选择获得的对不同生境的适应方式。昆虫的生态对策是其对生态环境适应能力的体现，是种群的一种遗传学特性。

(2) 生活史对策的类型

昆虫种群的大小和变化速度主要取决于昆虫种群的内禀增长率(r)和环境容量(K)。种群的内禀增长率是指在特定的环境条件下，具有稳定年龄组配的种群的最大瞬间增长速率。环境容量是指在食物、天敌等各种环境因素的制约下，种群可能达到最大的稳定的数量。

内禀增长率(r)反映了昆虫种群的增长速率，环境容量(K)反映了昆虫种群发展的最大范围。所以，当 K 值保持一定时，r 值越大，种群增长速率越快，种群越不稳定；当 r 值保持一定时，K 值越大，种群发展的范围越大，种群越趋向稳定。

根据 r 值和 K 值的大小，可将昆虫种群基本上分为两种生态对策类型(表 2-6)。

表 2-6 r 对策者及 K 对策者的比较

特征	r 对策者	K 对策者
气候条件	多变，不确定	稳定
死亡率	非密度制约，常为灾难性的	密度制约
存活率	Deevey 存活曲线，常呈Ⅲ型	常呈Ⅰ、Ⅱ型
种群密度	多变的不稳定的，不饱和的部分为生态真空，每年重新去占领	稳定，平衡，饱和
种内竞争	变动较大，通常不紧张	经常保持紧张
选择倾向性	体形小，快速发育，提早繁殖，单次生殖	体形较大，缓慢发育，延迟繁殖，再次生殖
寿命	短，常短于 1 年	长，常超过 1 年
产生的后果	提高生产率	提高效率

① K 对策者类型。r 值较小，K 值较大；种群密度比较稳定，经常处于环境容量水平，称为 K 选择。属于 K 选择的生物，称为 K 类有机体。K 对策者类型的 r 值较小，而相应 K 值较

大，种群数量比较稳定。属于此种类型的昆虫，一般个体较大，世代周期较长，一年发生代数较少，寿命较长，繁殖力较小，死亡率较低，食性较为专一，活动能力较弱，常以隐蔽性生活方式躲避天敌。其种群水平一般变幅不大，当种群数量一旦下降至平衡水平以下时，在短期内不易迅速恢复。其中典型的昆虫种类如金龟类、天牛类、麦叶蜂、十七年蝉、舌蝇等。

②r对策者类型。r值较大，K值相应较小；种群密度比较不稳定，很少达到环境容量水平，称为r对策。属于r选择的生物，称为r类有机体，这类生物有机体的体形往往比较小。r对策者类型的r值较大，K值相应较小，种群数量经常处于不稳定状态，变幅较大，易于突然上升和突然下降。一般种群数量下降后，在短期内易于迅速恢复。属于此种类型的昆虫，一般个体较小，世代周期短，一年发生代数较多，寿命较短，繁殖力较大，死亡率较高，食性较广，特别是活动能力较强。其活动能力（如扩散、迁飞）强不仅有利于摆脱种群密度过大而造成食源不足进而去寻找新的食源，而且有利于躲避天敌。其中较典型的如蚜虫类、螨类、沙漠蝗、棉铃虫、小地老虎、家蝇等。

③中间型。实际上生物的生态对策从K对策型到r对策型是一个连续的系统，称为r-K连续系统。在这个系统中，按照K类选择和r类选择的不同程度排列着各种各样的生物，除极端的K对策型和极端的r对策型外，存有许多过渡的中间型，所以这两种对策型的划分也是相对的。如在大的分类单位中，可把脊椎动物作为K对策型，把昆虫作为r对策型；蚜虫在昆虫中属于极端r对策型；但在蚜虫类中，杏蚜和松蚜的体形大，繁殖力小，就倾向于K对策型。我们还可以看出，从K端到r端，生物个体不断减少，世代时间不断缩短，内禀增长率逐渐增大，同样环境下，平衡时的种群数量亦越来越大，对外来干扰的恢复能力也越来越强。

2.5.2 栖境特性和生态对策的关系

栖境是指对任何一种动物来说可以定义为整个生活期间活动所到达的地区。与生态对策有关的栖境特性可以包括以下3个方面。

(1) 栖境的稳定性

栖境的稳定性即在一特定地理位置上，特定生境类型所保持的时间长度。其稳定的意义取决于有机体世代的长短(T)与栖境对有机体有利的时间(H)之间的比率(T/H)。这种比值越小表示栖境越稳定。

(2) 时间上的变异性

时间上的变异性即在一定地点有机体生存的期限内，随着环境条件在实践过程中的偏移，环境的负荷量(K)也随之而变化，也称为时间上的异质性。K的变化可以是周期性的或可预测性的，也可以是非周期性的或随机性的。

(3) 空间上的变异性

空间上的变异性即栖境是成片的还是分割成不连续的小块。

上述3个方面的特性对于种群生态对策的形成均有影响，其中稳定性常起决定作用，也就是可以把注意力集中在分析T/H比值上。当世代的长短/环境有利，T/H近似于1时，任何一世代的种群对下一代的资源状况无影响。因此，过度拥挤的种群也不会在进化上留下不良的后果。在这种环境下所生存的物种常是积极的进取者，或称为r类对策的有机体。

当在栖境相对稳定的环境中，也就是 $T/H<1$ 时，此时环境负荷量 K 虽然相对较为稳定，但是显著的超负荷现象将使 K 值有所下降。如果当代的种群密度过大时，便会发生不利于以后世代的后果。同时，在这种稳定的栖境中也将会有许多其他的物种迁入并定居下来，造成各种类型的种间竞争，包括捕食现象将因此而激化。在此环境中生活的物种常有高的取食率而在自然选择中被保存下来。这样的生态对策，就称为是 K 类对策。

2.5.3 昆虫的生活史对策和防治策略

根据 r 对策型和 K 对策型的特点，可为害虫的防治提供参考。

(1) r 对策型害虫

一般 r 对策型害虫繁殖力较大，大发生频率高，种群恢复能力强，许多种类扩散迁移能力强，常为暴发性害虫，虽有天敌侵袭，但在其大发生之前的控制作用常比较小，如沙漠蝗、豆卫矛蚜、欧洲家蝇、小地老虎、螨。

故对此类害虫的防治策略应采取以农业防治为基础，化学防治与生物防治并重的综合防治。单纯的化学防治，则由于此类昆虫的繁殖能力强，种群易于在短期内迅速恢复，特别是容易产生抗药性，因而往往控害效果不显著。但在大发生的情况下，化学防治可迅速压低其种群数量。应研究保护利用和释放 r 对策型的天敌昆虫，充分发挥生物防治的控制效应。

(2) K 对策型害虫

对于 K 对策型害虫，虽然其繁殖力低，种群密度一般较低，但常直接为害农作物和林木的花、果实、枝干，造成的经济损失大，如独角仙、舌蝇、苹果蠹蛾、绵羊虱蝇。

故对其防治策略应为以农业防治为基础，重视化学防治，采用荫蔽性、局部性施药，坚持连年防治，以持续压低种群密度，因其种群密度一旦压低，不易在短期内恢复；当其种群密度处于极低时，应重视保护利用天敌，进行不育防治或遗传防治，以彻底控害。

(3) 中间型害虫

由于从 K 对策到 r 对策是一个完整而连续的整体系统，其间并无明显的分界线。除了理论上的 K 对策者和 r 对策者外，在自然界中很难找出哪种生物就是典型的 K 对策者或 r 对策者。这些物种显示混合性状，是中间类型。

只能相对地说，恐龙、大象和树木基本属于 K 对策者，细菌和病毒属于 r 对策者，而昆虫偏于 r 对策者。

在昆虫纲中，相比之下，绝大多数害虫居于 r 类与 K 类害虫之间，它们具有中等的个体、繁殖力和世代历期，中等程度的生态适应性和种群竞争力。其中，有些种类偏向 r 端，也有些则偏向于 K 端。况且，各种害虫的生态对策不是一成不变的。

在不同条件下，同一物种的生态对策可呈现为 K 对策或 r 对策，或偏向于 K 对策或 r 对策一端移动。同理，生态系统发生自然或人为的改变，都将改变该物种群的动态表现。

对于一些属于中间型的害虫，利用生物防治往往可以收到良好的效果；而利用化学防治则很可能造成害虫的再猖獗。

2.5.4 生活史对策在害虫预测预报上的应用

(1) 害虫种群数量变化趋势估计

①年龄结构。年龄结构是指种群中各年龄期个体在种群中所占的比例。

②净增殖率。净增殖率又称种群数量趋势指数,指一定条件下某生物当代的种群数量与其上一代种群数量的比值。

③种群趋势指数(I)。种群趋势指数是指在一定条件下,下一代或下一虫态的数量(N_{n+1})占上一代或上一虫态数量(N_n)的比值,也就是存活指数。

(2) 害虫种群数量波动预测

①种群消长基本模型。自然种群的数量变动存在着年内(季节消长)和年间的差异。例如,为害棉花的棉盲蝽一年多次繁殖,世代彼此重叠,根据调查,各年的季节消长有不同的表现,可分为4种类型。

中峰型:在干旱年份出现,蕾铃两期危害均较轻。

双峰型:在涝年出现,蕾铃两期都受严重危害。

前峰型:在先涝后旱年份出现,蕾铃期危害严重。

后峰期:先旱后涝年份出现,铃期危害严重。

②有限和无限条件下的增长模型。在资源无限、空间无限和不受其他生物制约的理想条件下种群呈指数增长("J"形增长),特点是连续增长。

在资源有限、空间有限和受其他生物制约的条件下种群呈逻辑斯谛增长("S"形增长),特点是起始加速增长,$K/2$ 时增长最快,此后增长减速,到 K 时停止增长。

(3) 天敌对害虫控制作用的评估

日捕食量(功能反应):如调查得到某稻田中飞虱数量为 N_t,飞虱的一种主要天敌数量为 P_t,日捕食量为 N_a,则有:

$$N_{t+1} = R_0 N_t - N_a P_t \tag{2-45}$$

天敌指数为:

$$P = x / \sum (y_i e_{yi}) \tag{2-46}$$

式中　x——害虫密度;

　　　y_i——i 种天敌的密度;

　　　e_{yi}——第 i 种天敌的日捕食量。

例如,在东北地区,当 $P \leq 1.67$ 时,天敌可在 $4\sim5$ d 内控制棉蚜的为害。

(4) 害虫防治适期的选择

根据存活曲线,选择最易死亡时期进行防治。1947 年,美国科学家迪维(E. S. Deevey)把存活曲线划分为 3 种基本类型。A 型:凸型的存活曲线,表示种群几乎所有个体都能达到生理寿命;B 型:成对角线形的存活曲线,表示各年龄期的死亡率是相等的;C 型:凹型的存活曲线,表示幼期的死亡率很高,随后死亡率低而稳定。

(5) 害虫生态对策的选择

指导选择治理方法。对于典型的 K 和 r 类的害虫,其种群增长中没有天敌沟,采用生物防治时要利用多食性天敌;而处于 K 和 r 之间并接近于 K 类的害虫存在明显的天敌沟,生物防治的效果较好;对于中间类型害虫进行防治时,很容易造成再猖獗,宜以生物防治为主,药物防治为辅。

2.6 种间关系

种间关系通常是指一个食物链的几个环节内的相互联系种群间的关系，如寄主植物、害虫和天敌间的关系。任何物种在自然界中都不是单独存在的，深入研究该物种的种群与其他系统中的其他物种的相互关系，对深入了解该种群的动态是必不可少的。

种间关系的形式有很多种，一般可分为 8 种类型，这 8 种类型的一般特征见表 2-7。

表 2-7 两物种间相互作用类型

类型	A	B	特点
竞争	-	-	彼此互相抑制
捕食	-	-	A 种杀死或吃掉 B 种
中性	0	0	彼此互不影响
共生	+	+	彼此有利，分开后不能生活
合作	+	+	彼此有利，分开能独立生活
附生	+	0	A 种有益，B 种无影响
偏害	-	0	对 A 有害，对 B 无利也无害
寄生	+	-	对 A 有利，对 B 有害

注："+"表示对其他种群有利；"-"表示对其他种群增长有抑制；"0"表示无关紧要、无意义的相互作用。

2.6.1 种间竞争

2.6.1.1 种间竞争的概念

①种间关系。不同物种种群之间的相互作用所形成的关系。两个种群的相互关系可以是间接的，也可以是直接的相互影响；这种影响可能是有害的，也可能是有利的。

②资源竞争。两种昆虫只有因资源总量减少而产生的对竞争对手的存活、生殖和生长的间接作用。

③相互干涉性竞争。两种昆虫由直接干涉而表现的竞争。

④似然竞争。两种昆虫通过共同的捕食者而产生的竞争(图 2-12)。

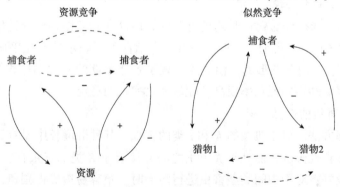

图 2-12 资源竞争与似然竞争

2.6.1.2 种间竞争的特点

①不对称性。竞争对各方影响的大小和后果不同,即竞争后果的不等性。
②共轭性。对一种资源的竞争,能影响对另一种资源的竞争结果。

2.6.1.3 洛特卡-沃尔泰勒竞争模型

洛特卡-沃尔泰勒方程是描述种间竞争的模型。其基础是逻辑斯谛模型,因该模型是由洛特卡 1925 年在美国和沃尔泰勒 1926 年在意大利分别独立地提出,故此称洛特卡-沃尔泰勒模型。

种群 1 和种群 2 单独存在时,均符合逻辑斯谛增长规律,即
种群 1:

$$\frac{dN_1}{dt} = r_1 N_1 \left(\frac{K_1 - N_1}{K_1} \right) \tag{2-47}$$

种群 2:

$$\frac{dN_2}{dt} = r_2 N_2 = r_2 N_2 \left(\frac{K_2 - N_2}{K_2} \right) \tag{2-48}$$

种群 1 和种群 2 为两个互相竞争的种群,两个种群的竞争系数为 α 和 β。α 表示在种群 1 的环境中,每存在一个种群 2 的个体,对种群 1 的效应;β 表示在种群 2 的环境中,每存在一个种群 1 的个体,对种群 2 的效应。其数学模型为:

种群 1:

$$\frac{dN_1}{dt} = r_1 N_1 \frac{K_1 - N_1 - \alpha N_2}{K_1} \tag{2-49}$$

种群 2:

$$\frac{dN_2}{dt} = r_2 N_2 \frac{K_2 - N_2 - \beta N_2}{K_1} \tag{2-50}$$

从理论上讲,两个种群在一起竞争时,可能产生以下结局(图 2-13)。

(1) 两物种种群的平衡线(图 2-14)

何为平衡呢? 就是 N_1 和 N_2 种群的数量都不发生变化,即

$$N_1/dt = r_1 N_1 (1 - N_1/K_1 - \alpha N_2/K_1) = 0 \tag{2-51}$$

$$N_2/dt = r_2 N_2 (1 - N_2/K_2 - \beta N_1/K_2) = 0 \tag{2-52}$$

满足两个方程时,两种种群平衡,则显然交点即是平衡点。

那么,对于结果 1 和结果 2,两个种群的平衡线没有交点,则不可能达到平衡,总是有一方最终被完全排挤掉。

结果 3 虽然存在一个平衡点,但是很不稳定,只要自然条件的微小波动造成偏离平衡点,那么其中占优的一方就会最终取得生存竞争的胜利。

结果 4 是一个稳定的平衡,无论 N_1 和 N_2 种群数量的组合(N_1,N_2)落在直角坐标系内哪一区域,最终都将使得 N_1 种群和 N_2 种群的数量趋向平衡点。

注意:该模型建立的基础是种群 1 个体与种群 2 个体所占空间的大小(体型,更进一步就是掠食范围、领地等)来衡量两者之间的竞争大小。

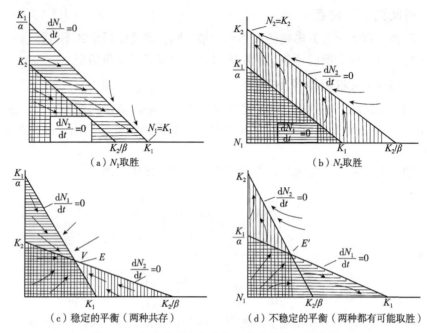

图 2-13 两个种群之间竞争可能产生的四种结局

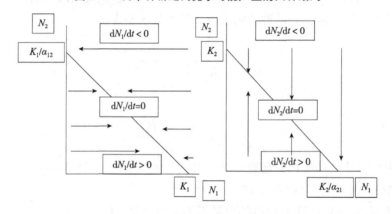

图 2-14 两物种种群的平衡线

(2) 竞争系数 α 意义分析

①表示在物种甲的环境中，1 个乙物种个体所利用的资源相当于 α 个物种甲的个体。

②若 α=1，表示每个物种乙个体对物种甲种群所产生的竞争抑制效应，与每个甲个体对自身种群所产生的效应相等。

③若 α>1，表示每个物种乙个体对物种甲种群所产生的竞争抑制效应，大于甲个体对自身种群所产生的效应；反之亦然。

(3) 竞争结局分析

①种群 1 取胜，种群 2 被挤掉。该情况发生在 $K_1>K_2/\beta$，$K_2<K_1/\alpha$ 的时候。由于 K_2、K_2/β 右边这个区域内，种群 2 已超过最大容纳量而不能增长，而种群 1 仍能继续增长，因此，种群 1 取胜。

②种群2取胜,种群1被挤掉。其情况与①相反,该情况发生在$K_2>K_1/\alpha$,$K_1<K_2/\beta$的时候。在K_2,K_1/α,K_1,K_2/β这块区域内,种群1不能增长,而种群2能继续增长。因此,种群2取胜。

③表示两个种群共存,形成稳定的平衡局面。该情况产生在$K_1<K_2/\beta$,$K_2<K_1/\alpha$的时候,两条对角线相交,其交点E即为平衡点。由于$K_1<K_2/\beta$,在三角形K_1EK_2/β中,种群1不能增长,而种群2能继续增长,箭头向平衡点收敛。同样,因为$K_2<K_1/\alpha$,在三角形$K_1/\alpha EK_2$中,种群2不能增长,而种群1增长,箭头也向平衡点收敛,从而形成稳定的平衡。

④当$K_1>K_2/\beta$,$K_2>K_1/\alpha$时,两条对角线相交,出现平衡点,但它是不稳定的。因为$K_1>K_2/\beta$,在三角形K_1E'/β中,种群2不能增长,而种群1能增长,箭头不收敛。同样因为$K_2>K_1/\alpha$,在三角形$K_2E'K_1/\alpha$中,种群1不能增长,种群2能增长,箭头也不能收敛。因此,平衡是不稳定的。

由此,可以进一步做出以下推论。

①$1/K_1$和$1/K_2$这两个值,可以被视为种群1和种群2的种内竞争强度指标。其理由在于在一个空间中,如能"装下"更多的同种个体,则其种内竞争就相对小。因此,$1/K$值的大小可以作为种内竞争强度的指标。

②同理,β/K_2值可以被视为种群2对种群1的种间强度指示,而α/K_1则为种群1对种群2的种间竞争强度指标。因此,竞争的结局取决于种内竞争和种间竞争相对大小。

③如种群的种间竞争强度大,而种内竞争强度小,该种群取胜。

④若某种群的种间竞争强度小,而种内竞争强度大,则该种群竞争失败。

⑤若两个物种的种内竞争均比种间竞争激烈,两物种稳定共存;如果种间竞争都比种内竞争激烈,那就不可能有稳定的共存。

例如:$K_1>K_2/\beta$,$K_1\alpha>K_2$,若取其倒数,则为$1/K_1<\beta/K_2$,$\alpha/K_1<1/K_2$,表示物种甲的种内竞争强度小,种间竞争强度大,而物种乙的种内竞争强度大,种间竞争强度小。竞争结局为物种甲取胜,物种乙被排挤掉。

2.6.1.4 生态位

(1) 生态位的概念

凡具有比较相似的土壤气候条件,栖息着一定的动植物总体的地区称为生活小区,其中最小的单位称为生态小生境,即生态位。Hutchinson认为,在生物群落中,若无任何竞争者存在时,物种所占据的全部空间,即理论最大空间称为该物种的基础生态位;当有竞争者存在时,物种仅占据基础生态位的一部分,这部分实际占有的生态位称为实际生态位。竞争越激烈,物种占有的实际生态位就越小(图2-15)。

生态位的宽度计算公式如下:

$$B_i = \frac{\lg \sum N_{ij} - (1/\sum N_{ij})(\sum N_{ij} \lg N_{ij})}{\lg r}$$

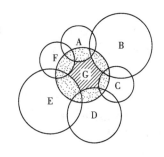

图 2-15 物种 G 的基础生态位(点区+斜线区)和实际生态位(斜线区)的理论模型

$$=\frac{1.114-0.077\times(11.455+0.602)}{0.602}=\frac{0.186}{0.602}=0.309 \tag{2-53}$$

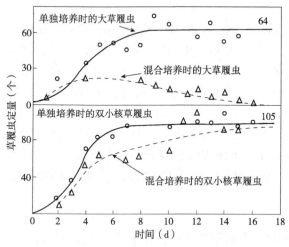

图2-16 大草履虫和双核小草履虫培养

生态位相同的两个物种不可能在同一地区共存；如果生活在同一地区内，由于剧烈的竞争，它们之间必然出现栖息地、食性、活动时间或其他特征上的生态位分化，这一理论称为高斯假说。例如，大草履虫和双核小草履虫培养（图2-16）。

(2) 生态位重叠

生态位重叠是指两个或两个以上生态位相似的物种生活于同一空间时分享或竞争共同资源的现象（图2-17）。生态位重叠的两个物种因竞争排斥原理而难以长期共存，除非空间和资源十分丰富。资源通常总是有限的，因此生态位重叠物种之间竞争总会导致重叠程度降低，如彼此分别占领不同的空间位置和在不同空间部位觅食等。

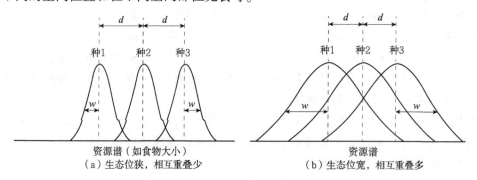

图2-17 三个共存物种的资源利用曲线

(d为曲线峰值间的距离；w为曲线的标准差)

两个存在竞争关系的物种生态位重叠程度由种内竞争和种间竞争强度决定。种间竞争促使两物种的生态位分开，其资源利用曲线不可能完全分开。

如果两物种的资源利用曲线重叠较少，物种是狭生态位的，其种内竞争较为激烈，将促使其扩展资源利用范围，使生态位重叠增加。

如果两竞争物种的资源利用曲线重叠较多，物种是广生态位的，生态位重叠越多，种间竞争越激烈，按竞争排斥原理，将导致某一种物种灭亡，或通过生态位分化而得以共存。

生态位重叠公式如下：

$$C_{ih}=1-\frac{1}{2}\sum\left|\frac{N_{ij}}{N_i}-\frac{N_{hj}}{N_h}\right| \tag{2-54}$$

$$C_{12}=1-\frac{1}{2}\left(\left|\frac{11}{13}-\frac{5}{8}\right|+\left|\frac{2}{13}-\frac{2}{8}\right|+\left|\frac{0}{13}-\frac{1}{8}\right|\right)=0.779$$

同样，$C_{13}=0.754$；$C_{23}=0.625$。

(3) 生态位分离

生态位分离是指同域的亲缘物种为了减少对资源的竞争而形成的在选择生态位上的某些差别的现象。5 种树莺和 2 种䴓鹟(见同域物种)在觅食与栖息空间部位的选择上的差别即反映了生态位分离的现象。生态位分离是保持有生态位重叠现象的两个物种得以共存的原因，如无分离就会发生激烈竞争，以致使弱势物种群被消灭。例如，将拟谷盗与锯谷盗共同饲养于面粉中时，锯谷盗在竞争中被消灭。如果向其中放入一根细管子，允许体形较小的锯谷盗爬进去躲避拟谷盗的攻击，这样就实现了生态位分离，使两者共同存在于面粉中。因此，在珍稀物种保存工作中，如发现生态位重叠时，应设法创造条件令两者发生生态位分离。

2.6.2 捕食者与猎物的关系

捕食作用指一种生物攻击、损伤或杀死另一种生物，并以其为食。广义的捕食包括肉食性天敌取食植食性昆虫或其他肉食性昆虫、食草(植食性昆虫吃绿色植物)、拟寄生(寄生蜂将卵产在昆虫卵内，缓慢杀死宿主)、自残行为。

2.6.2.1 捕食者与猎物的协同进化

捕食者与猎物的关系很复杂，这种关系不是一朝一夕形成的，而是经过长期协同进化逐步形成的。捕食者在进化过程中发展了锐齿、利爪、尖喙、毒牙等工具，运用诱饵追击、集体围猎等方式，以便有力地捕食猎物；另一方面，猎物也相应地发展了保护色、警戒色、拟态、假死、集体抵御等种种方式以逃避捕食。

2.6.2.2 洛特卡-沃尔泰勒捕食者-猎物模型

(1) 模型假设

①相互关系中仅有一种捕食者与一种猎物。

②如果捕食者数量下降到某一阈值以下，猎物种数量就上升，而捕食者数量如果增多，猎物种群数量就下降；反之，如果猎物数量上升到某一阈值，捕食者数量就增多，而猎物种数量如果很少，捕食者数量就下降。

③没有捕食者存在时，猎物种群按指数式增长。在没有猎物时，捕食者种群按指数式减少。

(2) 模型计算公式

①猎物种群在没有捕食者存在的情况下按指数增长，即

$$dN/dt = r_1 N \tag{2-55}$$

式中　N——猎物密度；

　　　r_1——猎物内禀增长率。

②捕食者种群在没有猎物的条件下按指数减少，即

$$dN/dt = -r_2 P \tag{2-56}$$

式中　N——捕食者密度；

　　　r_2——捕食者在没有猎物时的增长率。

当两者共存于一个有限的空间内，猎物密度的降低程度取决于：猎物与捕食者相遇的

概率；捕食者发现和攻击猎物的效率 ε。

捕食者密度增长取决于：猎物与捕食者的密度；捕食者利用猎物，转变为自身的效率 θ。

③猎物的种群增长方程为：

$$dN/dt = (r_1 - \varepsilon P)N \qquad (2\text{-}57)$$

④捕食者的种群增长方程为：

$$dN/dt = (-r_2 + \theta N)P \qquad (2\text{-}58)$$

(3) 捕食者与猎物种群的波动周期

$$N_a = N(N-N_a)[\lg(N-N_a)/N - bT_h N_a + cT] \qquad (2\text{-}59)$$

2.6.2.3 Holling 模型

Holling(1959)用圆盘试验模拟捕食者与猎物之间的功能反应关系(图 2-18)。功能反应是指单位时间内随着猎物密度的上升，平均每个捕食者消耗的猎物数量的变化，可分为 Holling Ⅰ 型、Holling Ⅱ 型和 Holling Ⅲ 型。

(1) Holling Ⅰ 型

$$N_a = \begin{cases} aT_s N & (N<N_x) \\ aT_s N & (N>T_x) \end{cases} \qquad (2\text{-}60)$$

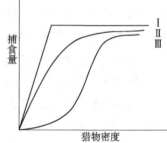

图 2-18　功能反应曲线的类型

式中　N_a——捕食量；
　　　a——攻击率或发现域；
　　　N——猎物密度；
　　　N_x——猎物饱和密度；
　　　T_x——寻找时间。

(2) Holling Ⅱ 型

考虑捕食者对猎物的处理时间(T_s)，即寻找时间为：

$$T_s = T - T_h \qquad (2\text{-}61)$$

日捕食量为：

$$N_a = aTN_t/(1 + aT_h N_t) \qquad (2\text{-}62)$$

设计一系列猎物密度，分别调查捕食者的日捕食量，通过最小二乘法可估算出 a 和 T_h。

(3) Holling Ⅲ 型

此类型为"S"形曲线，较为复杂，大多哺乳动物属此类。它受密度制约，公式为：

$$N_a = N(N-N_a)[\lg(N-N_a)/N - bT_h N_a + cT] \qquad (2\text{-}63)$$

式中　b, c——常数。

2.6.2.4 捕食者之间的干扰作用

哈塞尔干扰公式：在一定空间内，捕食者自身的数量对其捕食的猎物数量有干扰作用，即

$$E = Q \times P^{-m} = N_a(N \times P) \qquad (2\text{-}64)$$

式中　E——捕食率；

Q——搜索常数；
m——干扰常数；
P——一定空间内捕食者的数量；
N_a——1 头捕食者平均捕食猎物的数量。

例如，龟纹瓢虫成虫数量(P)与捕食麦蚜量(N_a)、捕食率(E)的关系见表 2-8。

表 2-8 龟纹瓢虫成虫数量(P)与捕食麦蚜量(N_a)、捕食率(E)的关系

P	1	2	3	4	5	6
N_a	82	104	116	108	134.2	131.4
E	0.410	0.260	0.1453	0.0675	0.0599	0.0411

结果：$\lg E = -0.4928 - 0.7637 \lg P$，干扰常数 m 为 0.7637。

2.6.2.5 数值反应

捕食者的数值反应描述了捕食者数量与猎物密度变化之间的关系。猎物的数量对捕食者数量的影响为：

$$\frac{1}{D} = \alpha(I-\beta) \tag{2-65}$$

式中 D——捕食者发育的天数；
$1/D$——捕食者的发育速率；
I——食物消化率；
α——比例常数；
β——与维持捕食者正常活动所需能力有关的常数。

猎物的数量影响捕食者的发育速率、生殖力及存活等，即

$$F = \frac{\lambda}{e}(I-c) \tag{2-66}$$

式中 F——捕食者的生殖率；
λ——常数；
e——评价每卵(子代)的生物量；
I——食物消化率；
c——与维持捕食者基本代谢能量有关的常数。

2.6.2.6 捕食作用的意义

①生物群落的能流中，捕食者起着显著的作用。
②捕食者作为它们取食的那种猎物种群的调节者，是造成死亡率最明显的一方面。
③捕食者在维持猎物种群的适合度方面起作用。
④捕食者在猎物的进化过程中起着选择性的作用。

2.6.3 寄生作用

2.6.3.1 寄生

寄生是指一个物种(寄生者)靠寄生于另一物种(寄主)的体内或体表而生活。寄生者

以寄主身体为生活空间,并靠吸取寄主的营养而生活。寄生物可以分为以下两类。

①微寄生物。在寄主体内或表面繁殖。

②大寄生物。在寄主体内或表面生长,但不繁殖。

主要的寄生物有细菌、病毒、真菌和原生动物。在动物中,寄生蠕虫特别重要,而昆虫是植物的主要大寄生物。专性寄生必须以宿主为营养来源,兼性寄生也能营自由活动。拟寄生物包含一大类昆虫大寄生物,它们在昆虫寄主身上或体内产卵,通常能导致寄主死亡。

2.6.3.2 Nicholson-Bailey 模型

(1) Nicholson-Bailey 模型假设

①寄生者搜索寄主是完全随机的。

②寄生率的增加,不受寄生者产卵量的影响,而只受限于它们发现寄主的能力。

③一个寄生物在一生中搜索的平均面积是一个常数,称为发现域,用 a 代表。

(2) 寄主种群模型

$$N_{t+1} = F \times N_t \times (e - a \times P_t) \tag{2-67}$$

式中　N_{t+1} 和 N_t——两个相继世代的寄主数量;

　　　F——寄主增殖率;

　　　$e - a \times P_t$——寄主种群中未被寄生的百分率;

　　　P_t——寄生者在 t 世代的数量。

假定:每一个寄主被寄生就产生一个下一代成熟的寄生物。

生物学含义:扣除未被寄生的寄主数量,下一代寄生者数量等于上代寄主数量,即

$$P_{t+1} = N_t \times (1 - e - a \times P_t)$$

$$A = 1/P \times \ln N/S \tag{2-68}$$

式中　S——未被寄生寄主密度;

　　　a——通过野外或实验数据计算。

第 3 章

种群分化与生物进化

3.1 种的分化及生物型

3.1.1 种的分化

(1)种

种是形态上类似的、共享同一基因库的、与其他类群有明显生殖隔离的生物类群。从定义可见区别种最重要的依据是生殖隔离，不发生有效的基因交流，而不论其形态与特征是多么相似。有的种因为地理条件隔离或表面上存在生殖隔离，但如果人为地将其放在一起时，它们之间仍能成功地进行杂交。它们之间可能存在着一定的形态差异，却仍只能认定为同一物种。所以，在确定种时，严格地讲应通过相同条件下的杂交试验加以验证。

(2)种群

种群是物种的存在形式。在一个物种的分布区内，由于环境条件的差异，可以形成若干个地方小群或生态种群。所以，可以说物种内包含有许多不同的种群。种群为一定范围内同种个体的集合体，种群内个体间都是有变异的。

(3)种群内差异

①亚种。具有地理分化特征的种下类群。由于地理上的长期隔离，亚种间已具有一定的基因或基因频率的差异。例如，飞蝗在中国有 3 个亚种：东亚飞蝗（*Locusta migratoria manilensis*）分布于黄河、淮河和海河流域的中下游地区；亚洲飞蝗（*Locusta migratoria migratoria*）分布于蒙新高原地区的低洼地带；西藏飞蝗（*Locusta migratoria tebetensis*）。

②变种。具有同域性种群因种种环境条件的差异，而逐渐变异为具有某些生理生态差异的类群。变种又包括：地理型、寄主型、生态型、季节型、生物型等。

3.1.2 研究种型分化的意义

生物种下类群的分化是生物进化和新种形成的一个进程。研究种型的分化规律，不但对了解生物的进化有重要的理论意义，而且在当今具有重要的实践价值。例如，在害虫防治中体现作物与害虫间相互关系的作物抗虫性问题，在化学防治中所产生的害虫抗药性问题，生物防治在引种时必须考虑的寄主型或地理型问题，以及益虫或资源昆虫开发中的优良品种选育问题等，无不涉及种型分化的规律和控制问题。

3.1.3 生物型

生物型是种群内或种群间表现不同生理生态特性的类群。在昆虫中，种以下的生物型普遍存在，如由于不同食料引起类群间的发育、存活、寄主选择或产卵量等的差异，以及由于其他自然或人为条件差异所引起的不同类群间的季节活动、生物节律、体形、体色、抗药性、迁飞势能、性激素、同工酶谱、基因型频率等的差异，所有这些种下分化的类群，除亚种外都可归纳为生物型。生物型可分为以下两大类。

(1) 非遗传性的多型现象

环境条件（如食料、温度、光照等）引起的表型差异，如形态、行为特性等。环境条件差异一旦减小或消失时，生物型的分化也随之消除。例如，亚洲飞蝗散居型体形大、黄褐色、不能远距离迁飞、个体产卵多；群居型个体小、黑褐色、能远距离迁飞、个体产卵少（两种型是由种群密度和食料条件所决定的）。

(2) 遗传性的多态现象

种群的分化是由遗传基因所控制的，如害虫致害性和抗药性。例如，瘿蚊与小麦的抗性存在基因对基因的关系。褐飞虱致害性由主效基因所决定，也存在微效基因效应，属于数量性状；家蝇抗药性是由于其邻近的不带抗性基因染色体的倒位所致。

3.2 生物进化与适应

进化是指一个生物群体在长时期的自然选择过程中，遗传组成发生的变化。进化的结局是产生更多种类的生物物种和数量更多的生物后代，并使这些生物更好地适应变化的环境。与其他生物相比，昆虫在种类数、个体数和栖息地分布状况等方面的进化均具有一定的特色，具体表现在以下方面。

①昆虫具有翅、外骨骼，便于行动及防御的适应。

②昆虫具有变态特性，不同虫态可生活于不同的环境，存在多态现象，尤其在高级的社会昆虫中，这种特性的存在更有利于生存竞争。

③昆虫一般趋于小型化，高繁殖率，生活史短，迁移频繁等特点，使昆虫更有利于多方面适应进化，故以昆虫为材料研究生物的进化与适应更具有优越的一面。

3.2.1 进化的机制

现代生物进化理论的基本观点包括：种群是进化的基本单位；进化的实质就是种群基因频率的改变，物种形成的机制是遗传和变异（提供了进化的原材料）、自然选择（基因频率定向改变，决定进化的方向）、隔离（物种形成的必要条件）。因此可以说，遗传和变异、自然选择、隔离是导致生物进化的三要素。

3.2.1.1 遗传和变异

(1) 遗传

遗传是指生物的亲代能产生与自己相似后代的现象，即俗话所说的"种瓜得瓜，种豆得豆"。遗传物质的基础是脱氧核糖核酸(DNA)，亲代将自己的遗传物质 DNA 传给子代，而且遗传的性状和物种保持相对的稳定性。生命之所以能够一代一代地延续的原因，主要是由于遗传物质在生物进程之中得以代代相承，从而使后代具有与前代相近的性状。遗传是一切生物的基本属性，它使生物界保持相对稳定，使人类可以识别包括自己在内的生物界。

生物的进化是指生物群体内基因组成的世世代代的变化过程。基因、基因库、基因频率和基因型频率是表征种群遗传特征的具体内容。

基因：具有遗传效应的 DNA 片段。

基因库：种群中全部个体的所有的基因的总和。

基因频率：某一基因在种群中出现的频率，如 A。

基因型频率：某一基因型在种群中出现的频率，如 Aa。

哈伯定律(Hardy-Weiinberg Law)是指在下述的 5 种条件下，理想种群内各基因频率能达到及维持平衡状态：①种群是极大的；②种群个体间的交配是随机的；③无突变发生；④无迁移或新基因的加入或迁出；⑤无自然选择。但是，在自然界中要维持哈伯平衡是较难的。

(2) 变异

变异是指同种生物世代之间或同代不同个体之间的差异。正如俗话所说"一母生九子，连母十个样"，世界上没有两个绝对相同的个体，这充分说明了遗传的稳定性是相对的，而变异是绝对的。孟德尔通过豌豆试验总结出他从事遗传实验的一套科学的杂交试验法，并提出"遗传因子"假说，揭示了遗传因子的分离规律和自由组合规律。控制性状的遗传因子(基因)是独立的，有性杂交导致的遗传因子的分离和重组是生物变异的原因之一。变异是生物遗传和自然选择的原材料，也是生物进化的原材料。没有变异就谈不上进化。变异包括染色体变异、基因突变和基因重组。

3.2.1.2 自然选择

自然选择即达尔文所认为的最适者生存理论。它是指适合于环境条件(包括食物、生存、风土气候等)的生物被保留下来，不适者则被淘汰。自然选择的类型可有多种，但主要的有定向性选择、中断性选择和稳定性选择 3 类，如图 3-1 所示。

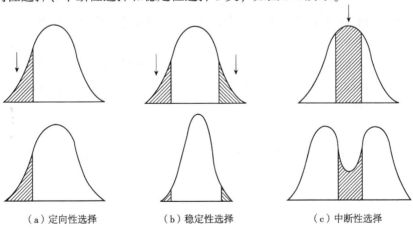

图 3-1 自然选择的 3 种类型

(1) 定向性选择

定向性选择是主要的一种类型，如图 3-2 所示，在正常情况下，各年份的年降水量只在平均值 400 mm 处波动，其峰顶或曲线高度和幅度可稍有变动。但如果环境条件年降水量有定向变动的趋向，而经多年后逐步增加年降水量，如多年后年降水量增加至箭头 2 处 440 mm，则原频率为次型的 V 型特别昌盛，从而上升为最主要表型，原先的 U 型降为次型，并开始出现新的基因型 X。而许多年后如年平均降水量仍持续向一个方向增加至箭头 4 处 520 mm，则整个种群以基因型 X 为主体，并出现了原来没有的 X、Y、Z 3 个新基因型。这便是定向性选择所导致的进化。因此，即使在完全无突变的情况下，只要定向选择下，就能创造出新种。

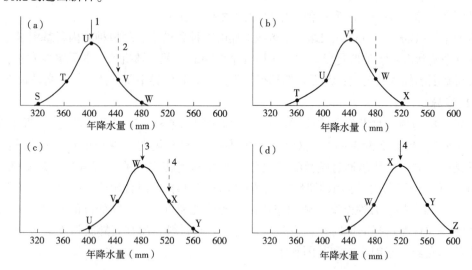

图 3-2　直接受降水量变异选择的假设种群进化变异

(2) 中断性选择

这种情况发生于种群的 1 个多基因性状承受 2 个或多个定向性选择的压力，使其最终有利于二极端类型，而形成马鞍形分布曲线，如鸟类种群中长嘴型或短嘴型发展而中间型减退；昆虫中翅型的变异存在长翅型和短翅型而中间消失等，均属于此类型。

(3) 稳定性选择

种群的 1 个多基因性状承受 2 个或多个相对方向性选择的压力。这种选择压力作用不断淘汰两端的极端型，而使中间型得以保持和增多。这种选择有利于物种的稳定，有利于适应性物种的持续存在。

3.2.1.3　隔离

隔离是指在自然界中生物不能自由交配或交配后不能产生可育性后代的现象。如驴和马交配生出不可育的骡，狮子和老虎交配生出不可育的狮虎兽。因所处地理环境不同而造成的隔离，称为地理隔离；因生物学特性差异所造成的隔离，称为生殖隔离。隔离的类群继续积累变异，经自然选择作用，可逐渐分化成新种。物种间的隔离一般并不是由单个隔离机制造成的，往往是数种不同机制的组合作用。

隔离是把一个种群分成许多小种群的最常见方式。隔离使种群变小了，因而基因频率可以因偶然的因素而改变，基因频率的改变，加上不同环境的选择，使各小种群向不同方向发展，这样就可能形成新物种，也就形成了生物多样性。隔离主要是指地理上的隔离，但是地理上的隔离可以逐渐演变成为更重要的生殖隔离，因此在对物种多样性的形成中起着重要的作用。如加拉帕格斯群岛上的地雀，这些原属于同一物种的地雀，在不同群岛上地理隔离出现不同的突变和重组。从南美大陆迁来以后，由于每个岛上的栖息和自然条件互不相同，在自然选择的作用下，在一个种群中，某些基因被保留下来，而在另一个种群中，被保留下来的可能是另一种基因，久而久之，这些基因库会变得很不相同，并逐步出现生殖隔离。生殖隔离一旦形成，原来属于同一物种的地雀就形成了不同物种，于是就形成了生物的多样性。

3.2.2 关于进化论的争论

自达尔文 1859 年发表《物种起源》提出了进化论以来，世界各国的科学家对进化论做过许多修正和发展，形成了综合进化论。但在 20 世纪，随着古生物学家对化石标本的不断发掘以及分子生物学的迅猛发展，在生物进化研究领域也兴起了对进化论的种种怀疑或争论，几种主要论点如下。

(1)"寒武纪生命大爆发"论点

1909 年在加拿大哥伦比亚发现寒武纪中期的布尔吉斯页岩动物群，1947 年在澳大利亚弗林德斯山脉发现寒武纪末期的埃迪卡拉动物化石群，以及在我国澄江帽天山发掘的化石群，均源自距今约 5.3 亿年的寒武纪。寒武纪时，地球的生命存在形式突然出现了从单样化到多样化的飞跃，于是人们提出了"寒武纪生命大爆发"的概念，并形成了对达尔文进化论的冲击。这种论点说明生物进化呈爆发式，向进化论中的渐进进化提出了挑战。

①化石揭示了在长达几万到几百万年期间，并未发现生物的形态有像达尔文进化论认为的渐进的演化过程，而是处于不变的状态，如北京猿人的时代（距今 24 万~50 万年），经过 3 次冰川期和 3 次间冰期，但其形态都十分稳定。与他们共生的 100 多种哺乳动物也未发生过明显的变化。古生物家称之为"形态停滞"。但当生物经历了长期的"形态停滞"后，突变便发生了。旧的种类突然消失，新的种类突然产生。这种突变被称为"进化事件"。这种长期的"停滞"又"突变"现象是与达尔文渐变进化不相容的。

②在过去的 670 万年内，世界上共发生过 11 次生物进化事件，并将之编号 1~11。它们分别发生在距今 670 万年、480 万年、425 万年、370 万年、320 万年、260 万年、190 万年、100 万年、50 万年、12 万年、7 万年及 1.1 万年前。平均每隔 60 万年，世界上便会出现一次属于这一层次的生物事件。这些时间在各大洲的表现虽然各不相同，但是却有一个共同规律，都是出现在寒冷期的末尾，这是达尔文理论无法解释的第一项事件。

③从上述有名的化石群中发现距今约 53 亿年的寒武纪早期，地球生命存在形式突然出现从单样化到多样化的飞跃，突然出现了包括现代动物中大多数的门类，还有许多现在已灭绝的类群，以致寒武纪的动物门类比现今还多。所以，并不像达尔文进化论所说的从低级到高级，从少数到多数的渐进演变，而是来自一个共同的起点时间，几乎所有的门一级分类单位都起源于寒武纪；也并不像达尔文进化论所认为的那样起源于同一祖先的"树枝状"家谱式"进化树"，而是一种"大爆炸式"或"金字塔式"的进化模式。古生物家称之为

"辐射演化"。

（2）中立进化学说

20世纪60年代以来，分子生物学的研究发现同工酶有庞大的多态现象，蛋白质一级结构氨基酸序列的比较研究，在分子水平上看到大部分进化是对自然选择既非有利也非不利的中立突变，且由随机漂变（随机漂变是指基因频率在小种群里随机增减的现象）使之在群体中固定。中立学说认为DNA中碱基对的置换突变是选择的对象，中立突变的被固定就被看作是中立进化的事例，而且认为大部分碱基置换是中立的或近于中立的，其置换率要远高于非中立的适应置换，认为分子水平的突变几乎都近似中立的，其实并非严格中立。许多基因的微小效应累积起来就可成为生物发生适应性进化的原因。其实中立学派与达尔文学派最初的剧烈争论是集中在选择的对象问题上，前者认为基因突变是选择的对象，后者则把作为生命整体的个体看作选择的对象，但到后来达尔文派也承认许多中立的等位基因也是具有选择意义的。中立派也在分子水平上承认具有适应性自然选择，虽然其频率很微弱。所以，也可以把中立学说看作是新达尔文主义在分子水平上的修正或进展。

（3）协同论

协同论是一门研究不同学科中存在的共同本质特征的横向科学，研究各种运动和系统中从无序到有序转变的共同规律。生物学科包括种、属、科、目等不同分类单元，但它们与生物的个体均相类似，既有生命，又有寿命。它们在早期生命力非常旺盛，也有很强的可塑性；但在晚期则生命力很弱，可塑性很小。根据以上原理，认为生命大爆发的进化模式出现在生物门类的早期便能很好地理解了，因为那时的生物生命力强，可塑性强，从而在环境的剧烈变动中很易发生大爆发式的辐射演化。而到了晚年进化阶段，生命力变弱，可塑性变小，当然也不可能出现爆炸式的进化了。

协同论的另一个论点认为，根据世界各国的统计资料表明，每年的冬末春初乃是老年人正常死亡的高峰。这与当时的气候条件有关，而在670万年内，11次生物进化事件也正发生在冰期的晚期或末期。在地球历史上存在着各种不同尺度的气候变迁的"大年"，而在大年的"冬末春初"恰恰正是各级生物进化事件发生频率的时刻。

协同论的这些论点基本与达尔文适者生存的自然选择论点相符合，都反映着生物对外界环境变动的适应过程。只是这些生物进化事件的发生发展不是渐进的，而是非匀速的，在生物的早期甚至是爆炸式的。

3.2.3 适应

适应是自然选择的结果。从生物学意义看，适应是指可增加有机体适合度的任何遗传控制的特性。适合度常用于进化生物学，是指个体对后代的遗传贡献。所以，适应并非仅仅指增加生物个体存活的机会，而是增加对其后代的繁殖，通过自然选择中适者生存的机制作用，存留下来的必然是具有适应意义的遗传特性。它可能是形态上、生理上或行为上的，是由一个或多个基因控制的；可能涉及个别细胞或器官或整个有机体；可能只适应于某一特殊环境条件，或有普遍的适应价值。

（1）形态结构上的适应

在进化过程中环境条件不断对不同形态特性的个体进行筛选，而使繁衍下来的种群形态结构更加适应于这些变化的环境条件。如海岛上的蝗虫大多为短翅型的,以适应大风的冲击,昆虫不同足的形状与其生活环境及行为有高度的适应配合。

(2) 生理上的适应

昆虫的越冬、越夏及滞育特性使休眠或滞育期间的代谢降到极低,能量充分积累,以度过冬季或夏季不良的温度条件。这是昆虫对不良外界条件在时间上的生理适应,而迁飞性昆虫则以生殖停育和剧烈的远距离飞行,移居到新的适宜的栖息地,使种群得以良好地繁衍,这是昆虫对不良外界条件在空间上的生理和行为的适应。

(3) 颜色的适应

昆虫中3种颜色的适应是明显的适应证据,即保护色、警戒色和拟态,都是昆虫色泽选择与背景或姿态颜色相一致而避免被天敌捕食的一种适应。在这方面研究比较详尽的是英国的桦尺蠖蛾,它于夜间活动,白天停息在树干上,原来是灰白色的进化特性,使其色泽与树干上地衣的颜色一致。随着英国工业的污染,1848年首次发现黑色的桦尺蠖,至1895年黑色的比例达到98%,而灰白色的大量减少,其原因便是工业黑灰污染了树干,地衣死亡,树干成黑色,原来灰白色蛾极易被鸟类发现而消灭,而黑色蛾与背景一致而易被选择保存而繁衍。

(4) 生物种间相互适应

这方面明显的例子为许多花的色泽或香味与传粉昆虫的嗅觉、视觉或行为上的适应。使这些生物间得以相互适应和协同进化。

以上这些例子都是比较突出的适应事例。但在进化过程中,也会有一些不适应的特性被保存下来的事例。这是由于自然选择不是以某一特性或基因为单位进行的,而是以个体为单位作用的。个体具有许多特性,有的特性间也会有不同的适应效应。

3.3 协同进化

3.3.1 协同进化的定义

Jazen D. H. 在1980年给协同进化下了一个严格的定义:协同进化是一个物种的性状作为对另一个物种性状的反应而进化,而后一物种的这一性状本身又是作为对前一物种性状的反应而进化。这一定义要求如下。

特殊性:一个物种各方面特征的进化是由另一个物种所引起的。

相互性:两个物种的特性都是进化的。

同时性:两个物种的特性必须同时进化。

但在协同进化是扩散型时就不具备同时性的标准,在这种情况下,协同进化只表明了物种对生物环境特征的适应。协同进化主要发生在一些共生、寄生和共栖的物种间。

3.3.2 协同进化的类型

Speight(1999)将协同进化分为对抗性协同进化(如植物与害虫)和共生性协同进化(如显花植物和传粉昆虫)。

(1) 对抗性协同进化

对抗性协同进化如害虫与植物。相关研究表明，植物体内还有多种第二性物质(非营养物质)，与害虫的行为和生活过程中发生种种矛盾或统一的关系。如水稻中的稻酮对螟虫有强烈的引诱作用，但水稻中的草酸对螟虫却有排斥作用。菜粉蝶对十字花科植物的芥子油反应敏感，但其他多种害虫却对芥子油有忌避反应。植物体内产生对害虫有毒的次生物质(生物碱、奎宁、咖啡因等)，昆虫则发展出多功能氧化酶进行大多数次生物质的降解。

(2) 共生性协同进化

共生性协同进化如微生物与昆虫、开花植物与传粉昆虫。

①据 Bachner(1956)和 Price(1996)估计，在英伦三岛的昆虫中有共生的种类的比例约占 36%。

②白蚁肠道中有大量的鞭毛虫和共生细菌，用于消化纤维素。

③蝉、飞虱和蚜虫体内具有一种特殊的组织叫含菌细胞，微生物就生活在其中，用于提供一些寄主食料不能得到的营养，并能使种群的繁殖力明显增强。

④姬蜂输卵管中含有多角体病毒或类菌体 VPs，随寄生蜂产卵时传入寄主昆虫体内，从而使寄主昆虫适合姬蜂寄生。没有类菌体 VPs 时，寄生成功率减退。

3.3.3 协同进化的意义

(1) 促进生物多样性的增加

例如，很多植食性昆虫和寄主植物的协同进化促进了昆虫多样性的增加；遗传连锁性状有关基因在分子水平上的协同进化促进了遗传隔离并导致物种分化。

(2) 促进物种的共同适应

该方面主要体现在众多互惠共生实例中，如传粉昆虫与植物的关系(昆虫获得食物，而植物获得交配的机会)；蚜虫与蚂蚁的关系(蚜虫获得蚂蚁的保护，蚂蚁获得蚜虫的蜜露作为食物)；昆虫和内共生菌的关系(两者相互获得生活必需的特殊的营养物质)。

(3) 基因组进化方面的意义

例如，细胞中的线粒体基因组的形成可能源于胞内共生菌的协同演化(内共生起源理论)，核基因组中"基因横向转移"现象也可能源于内共生菌协同进化的结果。

(4) 维持生物群落的稳定性

众多物种与物种间的协同进化关系促进了生物群落的稳定性。另外，众多并不是互惠共生的协同进化关系，如寄生关系、猎物-捕食关系的形成等，也维持了生态系统的稳定性。

3.4 主要应用前景

(1) 指导抗虫育种

害虫种群发生分化而提高其致害性，因此不能过分地依赖于抗虫品种。抗虫育种基地或研究机构要现时追踪品种抗虫性的变化，不断改良更新抗虫品种。抗虫育种方法主要有引种法、选择育种法、杂交育种法、回交育种法、远缘杂交、诱变育种、生物技术、多系品种、轮回选择及双列选择交配法。品种抗性丧失后，害虫种群暴发成灾的概率将显著提高。

(2) 指导种植品种的选择与更换

由于形态的变异性，产生了许多同物异名，1978 年同物异名达到 22 种，如烟粉虱、棉粉虱和甘薯粉虱。根据烟粉虱对寄主的范围、寄主的适应能力以及对植物病毒传播能力的不同，分为不同的生物型，其中以 A 型、B 型常见。了解害虫的生物型对决定害虫防治对策是有价值的。进行害虫种群中生物型的监测，指导种植品种的选择与更换。

(3) 改良害虫体内的共生菌

在长期协同进化过程中，昆虫与其体内共生菌形成了密切的共生关系，共生菌与宿主相互依赖、相互影响、协同进化。共生菌在昆虫体内的生长、繁殖过程中起着十分重要的作用，如营养功能、解毒作用、调控生殖及与寄主适应性等。改良害虫体内的共生菌，能够降低害虫的适应性或失去某些致害能力，如改良灰飞虱体内的 Wolbachia 共生菌能够防治水稻条纹叶枯病。

(4) 预测种群发展趋势

种群遗传学表明，长期的近交状态一方面会导致种族得不到优秀的基因，另一方面会增加新生后代基因突变的频率，因为绝大部分的基因突变都是不利的。两种因素综合起来得到的结果就是：长期近交状态会使种群不断衰弱，最终走向灭亡。因此，需要明确一定遗传结构的种群的繁殖力，通过鉴定种群遗传组成来预测种群发展趋势。

了解种群的年龄组成和性别比例，从年龄金字塔的形状可以看出种群发展趋势(动态)和生产性特点。

建立种群数学模型，预测生物及物理因子对种群发展的影响。

第 4 章

昆虫群落生态学

群落生态学的中心问题是回答群落的整体结构是如何形成的。在生态学发展史中,生物群落概念的提出是很早的,但是对于生物群落的两种对立观点——个体论学派和机体论学派的争论至今未休。群落中为什么有那么多的动植物种类?它们为什么像现在这样分布着?它们之间是怎样发生着相互作用的?这是群落生态学最令人感兴趣的问题。

4.1 生物群落概述

4.1.1 生物群落的定义

(1) 生物群落

生物群落是在特定空间或特定生境下,具有一定的生物种类组成,它们之间及其与环境之间彼此影响、相互作用,具有一定的外貌及结构,包括形态结构与营养结构,并具有特定功能的生物集合体。也可以说,一个生态系统中具生命的部分即生物群落,如稻田害虫群落包括稻田中所有种类害虫。

(2) 群落生态学

群落生态学是研究生物群落与环境相互关系的科学,由瑞士学者 Schröter(1902)首次提出。群落和生态系统是两个不同的概念。群落是指某一区域多种生物种群群体的集合,而生态系统的概念除此之外,还包括无机环境,并强调物质循环和能量流动。但是,群落生态学和生态系统生态学实际上是一个完整的、统一的生态学分支,而不是两个分支。

4.1.2 生物群落的基本特征

生物群落作为种群与生态系统之间的生物集合体,具有独有的特征,这是它有别于种群和生态系统的根本所在,其基本特征如下。

(1) 具有一定的种类组成

任何一个生物群落都是由一定的动物、植物和微生物种群组成。不同的种类组成构成不同的群落类型,如不同森林类型内昆虫群落的组成结构、时间结构等有明显的不同,其中枣树林中昆虫群落复杂程度最高,寄生性昆虫数量最大;毛白杨林中昆虫群落中害虫数量和捕食性天敌昆虫数量最大;国槐昆虫群落多样性指数波动最大。因此,种群组成是区别不同群落的首要特征,群落中种群成分以及每个种的个体数量,是度量群落多样性的基础。

(2)物种之间相互影响

①中性作用。种群之间没有相互作用。事实上,生物与生物之间是普遍联系的,没有相互作用是相对的。

②正相互作用。按其作用程度分为偏利共生、原始协作和互利共生 3 类。

③负相互作用。竞争、捕食、寄生和偏害等。

(3)一定的外貌和结构

每一个生物群落都具有自己的结构,其结构表现在空间上的成层性(包括地上和地下)、物种之间的营养结构、生态结构以及时间上的季相变化等。群落类型不同,其结构也不同。如热带雨林中的昆虫群落结构复杂,而北极冻原上的昆虫群落结构简单。

(4)形成群落环境

群落与其环境是不可分割的。任何一个群落在形成过程中,生物不仅要适应环境,而且同时生物对环境也具有巨大的改造作用。随着群落发育到成熟阶段,群落的内部环境也发育成熟。群落内的环境,如温度、湿度、光照等都不同于群落外部。不同的群落,其群落环境也存在明显差异。

(5)一定的分布范围

每一生物群落都分布在特定的地段或特定的生境上,不同群落的生境和分布范围不同。无论从全球范围还是从区域角度讲,不同生物群落都是按着一定的规律分布的。限制昆虫扩大分布范围的气候因素主要是温度和湿度。我国源于东洋区的昆虫向北扩展时受到的主要限制是低温低湿条件,而古北区昆虫南扩时受到的主要限制是高温高湿条件。如栗瘿蜂在干旱的秦岭东段株均虫瘿 1187 个,而潮湿的中、西段则发生很少。

(6)一定的动态特征

①季节动态。生物群落的季节变化受环境条件(特别是气候)周期性变化的制约,并与生物种的生活周期相关联。群落的季节动态是群落本身内部的变化,并不影响整个群落的性质,有人称此为群落的内部动态。

②年际动态。在不同年度之间,生物群落常有明显的变动,但这种变动限于群落内部的变化,不产生群落的更替现象,一般称为波动。根据群落变化的形式,可将波动划分为 3 种类型:不明显波动、摆动性波动、偏途性波动。

③演替与演化。是指生物群落的物种发生变化,如草原群落演替成森林群落。

(7)群落的边界特征

①群落交错区。是指两群落的过渡带有的狭窄,有的宽阔,有的变化突然,有的逐渐过渡或形成镶嵌状。

②边际效应。是指在群落交错区中生物种类增加和某些种类密度加大的现象。

(8)群落中各物种不具有同等的群落学重要性

在一个群落中,有些物种对群落的结构、功能以及稳定性具有重大的贡献,而有些物种却处于次要的和附属的地位。因此，根据它们在群落中的地位和作用，物种可以被分为优势种、建群种、亚优势种、伴生种，以及偶见种或罕见种等。

①优势种。是指群落中对其他物种发生明显的控制作用的物种，表现为个体数量多、体积大或生物量大、生命力强等特征。

②关键种。是指它们的消失或削弱能引起整个群落和生态系统发生根本性变化的物种。关键种的个体数量可能稀少，但也可能很多，其功能或是专一的，也可能是多样的。

③冗余种。是指这些种的去除不会引起生态系统内其他物种的丢失，同时对整个群落和生态系统的结构和功能不会造成太大的影响的物种。这说明群落中的物种在生态功能上有相当程度的重叠性。

4.1.3 群落的性质

关于群落性质问题，生态学界存在两种截然对立的观点（表4-1）。美国生态学家Clements（1916、1928）曾把植物群落比作一个有机体，看成是一个自然单位，认为群落是客观存在的实体，是一个有组织的生物系统，是一个自然单位，像有机体与种群那样，这种观点被称为机体论观点。而H. A. Gleason在1926年发表了《植物群丛中的个体论概念》，认为群落并非自然界的实体，而是生态学家为了便于研究，从一个连续变化着的植被连续体中，人为确定的一组物种的集合，被称为个体论观点。

表4-1 机体论观点与个体论观点

争论焦点	机体论观点	个体论观点
两条途径	群丛单位理论指导下的群落学研究	从种群独立性假说出发的群落种群研究群落类型
客观实体	抽象的、人为的	真实的、自然界中的
群落比拟	有机体、生物的"种"	群落比拟为有机体欠妥
群落边界	明显	逐渐过渡
群落分布	间断分布	连续分布
代表人物	Clements（1916、1928）	Gleason（1926）

4.1.4 群落的命名

对于生物种的命名，国际上有统一严格的命名法规，而对于生物群落的分类和命名则无严格的规定。通常对群落的命名多根据以下3个方面的特征。

根据群落中的主要优势种命名：如马尾松林群落、昆虫群落。

根据群落所居的自然环境命名：如山涧溪流群落、海滩群落。

根据优势种的主要生活型命名：如热带雨林群落、草甸群落。

4.1.5 群落生态的应用

①利用群落的边际效应，发展立体农业，增加生物的数量、增大生物密度。

②进行生物多样性保护，建立不同生态系统的保护区，减少人为破坏。

③害虫防治时要注意害虫之间及害虫与天敌和植物间的相互作用,从群落水平上进行治理。调整播种时期,避开病虫害的发生盛期;使用性诱剂防治害虫,保护其他昆虫,减少化学农药的使用。

④多样性高的群落稳定性相对较高,农田群落越稳定则害虫越不易暴发成灾,因此要保持农田的多样性。维护农田的生态平衡,因地制宜选用抗病良种。

4.2 生物群落的结构

生物物种在环境中分布及其与周围环境之间的相互关系所形成的结构,称为群落的结构,主要包括垂直结构、水平结构、时间结构、营养结构等。

4.2.1 垂直结构

垂直结构是群落在空间中的垂直分化或成层现象,不同垂直高度上物种不同。群落中的植物各有其生长型,而其生态幅度和适应性又各有不同,它们各自占据一定的空间,它们的同化器官和吸收器官处于地上的不同高度或地下(水面)的不同深度。它们的这种空间上的垂直配置,形成了群落的层次结构或垂直结构。群落的垂直结构具有深刻的生态学意义和实践意义。群落的垂直结构是群落重要的形态特征,在这个意义上又可称为形态结构。

(1)群落中植物的分层现象

群落中的分层与光的利用有关,群落层次主要是植物的生长型和生活型所决定的。通常,最高的乔木层因光照强,大多为阳性或耐阴性较弱的种类,由于树冠遮住了阳光的直射,形成林内小气候条件。由上而下,光照强度逐渐减弱,一般生长着最耐阴喜湿的草本植物。这些植物之间相互影响、相互制约,关系复杂。

①草被层。指地面上 1 m 以下的草本植物区,在这一层中,昆虫、蜘蛛、蛇及各种小型鸟兽较多。

②灌木层。灌木是指无明显主干的木本植物。植株一般矮小,近地面处枝干丛生,均为多年生。灌木层一般指 1~5 m 高的灌木丛区,动物包括树栖兽类以及各种鸟类。

③乔木层。乔木是指主干明显而直、分支繁盛的木本植物。植株一般高大,分支在距地面较高处形成树冠,如松、杉、柏等。乔木层一般指 5 m 以上的乔木区,这一层动物种类丰富,有各种昆虫、鸟类。

④树冠层。树冠层指乔木顶部繁茂枝叶形成的冠状层次。

另外,由于不同植物的根系在土壤中达到不同的深度,从而形成了植物群落的地下成层现象。

(2)群落中动物的分层现象

动物的分层主要与食物有关,其次与不同层次的微气候条件有关。在群落的每一垂直结构层次中,栖息着一些可作为各层特征的动物,它们以该层次的植物为食料,或以该层次作为栖息场所。由此,动物群落中也有分层现象。一般而言,群落中植物层次越多,动物的种类越多。陆地群落中动物种类的多样性几乎是植被层次发育程度的函数。如在森林群落中，虽然大多数鸟类可同时利用几个不同的层次，但每种鸟类都有一个自己最喜好的层次，有的喜欢在林冠层，有的喜欢在乔木层，有的喜欢在灌木层，有的喜欢在草被层或地面层。昆虫类也是这样，食叶性鳞翅目、同翅目种类大多在树冠为害；蛀食性鞘翅目、膜翅目种类在树干为害；弹尾目、纺足目、步甲科和蚁科昆虫常在地被植物的枯枝落叶之间栖息；步甲科、叩头甲科、拟步甲科、象甲科和金龟科的幼虫，多在植物根部取食；蝼蛄科和蚊科成虫则栖居于土壤中。

在华山松的不同高度上可以看到不同种类的蠹木害虫的危害（图4-1），星坑小蠹、六齿小蠹、干小蠹、黑条木小蠹、欧洲根小蠹、梢小蠹、华山松大小蠹、四眼小蠹、毛小蠹分别在不同部位侵害。

农田生物群落由于种植的植物种类、栽培条件的差异，形成不同的层次结构。以稻田群落为例，其上层光照强、通风好、叶片茂绿，是稻苞虫、稻纵卷叶螟等食叶性害虫取食和栖居之处；稻田中下层，光照较弱、湿度大，为水稻茎秆层，主要是螟虫、飞虱和稻秆蝇取食和栖居之处；而在稻田地下层，即水稻根系层，处于淹水条件，主要是食根性害虫，如稻根叶甲幼虫、稻象甲幼虫和双翅目幼虫活动为害的场所。

群落的垂直分布格局，还包括陆生群落不同海拔和水体群落不同水域深度上分布的物种和数量。如Whinaker(1967)对美国大烟山国家公园不同海拔梯度上植被状况的观察发现，从山谷到山脊每种食叶昆虫的数量分布，可用沿海拔梯度而变化的钟形曲线来表示。出现这种垂直分布的原因，除了不同海拔梯度上气候的差异外，主要是由于植被不同，是食叶昆虫追随不同的食料而形成的（图4-2）。

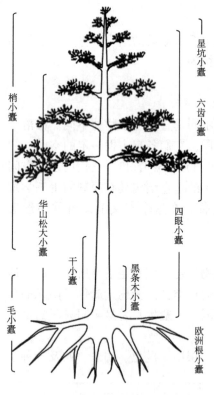

图4-1　华山松上小蠹虫的分布

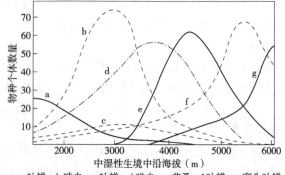

a.叶蝉；b.啮虫；c.叶蝉；d.啮虫；e.花蚤；f.叶蝉；g.宽头叶蝉。

图4-2　7种昆虫的分布

(3) 水生群落的分层现象

水域中，某些水生动物也有分层现象。例如，湖泊和海洋的浮游动物即表现出明显的垂直分层现象。影响浮游动物垂直分布的主要因素是阳光、温度、食物和含氧量等。多数浮游动物一般是趋向弱光的，因此，它们白天多分布在较深的水层，而在夜间则上升到表层活动。此外，在不同季节也会因光照条件的不同而引起垂直分布的变化。

各类浮游动物的垂直分布不是固定不变的，其中引起变化最大的是昼夜垂直移动（一般白天下降，夜晚上升）。根据英国 F. S. 罗素提出的"最适光度假说"，浮游动物常栖息在光度对其生命活动最为合适的水层里。内外条件的变化也会引起浮游动物垂直分布的变动。

①生殖引起的变化。如有些浮游甲壳动物在生殖期上升到表层产卵；而浮游有孔虫在生殖时却将壳上的刺吸收后，沉到中、下层。

②发育引起的变化。如浮游动物幼体由于趋强光性和摄食浮游植物，栖息于上层；成体则由于背光性或趋弱光性，移栖中、下层。

③摄食引起的变化。如中、下层的植食性浮游动物，晚间因需摄食浮游植物，上升到表层；中、下层的肉食性毛颚类因追逐饵料动物，夜晚随桡足类上升至表层。

④天气引起的变化。如不少趋弱光性的浮游动物在阴天栖息于上层，而在晴天又移居中、下层。

⑤海流引起的变化。如上升流可把下层的浮游动物带到上层等。

4.2.2 水平结构

水平结构是指生物群落在水平方向上，由于地形的起伏、光照的强弱、湿度的大小等因素的影响，在不同地段呈现不同的分布，表现复杂的镶嵌性。植物的斑块状镶嵌结构是常见的水平格局。例如，森林中，在乔木的基部和其他被树冠遮住的地方光线较暗，适于苔藓植物生存，而树冠下的间隙或其他光照较充足的地方，则有较多的灌木和草丛。

从大尺度的不同地理地带分析陆生群落的组成、结构和动态特征时，可以看出它们与物理环境（气候）地带性变化引起生物群落多样性加大，丰盛度增加。一般而言，气候的恶劣性和易变性增加，可使群落多样性减少和结构简单化。热带群落稳定的种间关系使群落相对稳定，温带和一些高纬度地带，则由于气候及食物的多变，使整个群落变得非常不稳定。在冻原、干旱草原或荒漠的群落中，由于环境较单纯，有时是单层性群落。由于生物性生存条件（敌害、寄生者、竞争者等）作用的降低，使非生物条件突出为首要的。以泰山景区低海拔区为例，区域内灯下昆虫群落结构较为丰富，其中鳞翅目、翅目为优势目，夜蛾科、金龟甲总科为优势科；昆虫群落指数之间呈现一定的变化相关性，多样性指数与均匀度指数在时间序列上的变化呈正相关，与优势度指数的变化呈负相关。

在所有上述的地带性群落中，无疑存在一个统一的结构模型，它表明群落在所有情况下是有机界三大基本分支（植物、动物、微生物）代表的结合，彼此以代谢作用相关联。所有群落包括一些食物链的主要环节，每一环节通常由一群生活型相似的物种所代表，如高等菌类、食果动物、食肉动物、寄生物和腐生物等。群落结构的统一模型主要由生物物质循环所产生。

4.2.3 时间结构

群落的时间结构是群落的动态特征之一。因为很多环境因素具有明显的时间节律，所以，群落结构随时间的变化而发生的变化，就是群落的时间格局。时间格局实际上包括两点：一是由自然环境因素的时间节律引起群落各物种在时间上相应的周期变化；二是群落在长期历史发展过程中，由一种类型转变成另一类型的顺序过程，即群落的发展演替。

(1) 昼夜活动节律

动物行为的日节律是对各种环境条件(光照、温度、湿度、食物和天敌等)昼夜变化的一种综合性适应。因此，各种动物的昼夜活动节律都具有各自对外界环境综合适应的特点。大多数动物在每天的一定时段内活动，白天活动的昆虫称为日出性或昼出性昆虫(diurnal insects)，如绝大多数蝶类；夜间活动的昆虫称为夜出性昆虫(nocturnal insect)，如多大多数的蛾类；那些只在弱光下(如黎明、黄昏)活动的则称弱光性虫(crepuscu-far insect)，如蚊子，交配在黎明或傍晚；当然，还有些昼夜均可活动的昆虫，如某些天蛾和蚂蚁等。

(2) 年周期变化

群落的年周期变化，即季节性变动，动物和植物都比较明显。在温带地区，群落变化主要受周年日照、温度条件的影响；在热带地区，则主要受周年内干季、湿季交替的影响。北方温带落叶阔叶林，在冬季树木光秃、草被枯黄，候鸟前往南方，大多数变温动物进入休眠状态。秋冬群落与春夏群落相比较，群落面貌迥然不同。研究昆虫群落的季节变化规律，可以总结不同季节昆虫群落物种组成及其数量变化的特点，并进而为害虫综合治理或益虫繁殖利用提供依据。

(3) 随林分发育的变化

不同林龄林分的森林昆虫发生情况也有所不同。一般幼林阶段以根和嫩枝、幼干害虫为主；中、壮年林以食叶害虫为主；而在成、过熟林中，由于林木生长势弱，对蛀干害虫的发生有利。疏林和林缘光照强，温度高，湿度低，利于喜欢温暖和强光的种类发生；而郁闭度大的稠密林分，则适于喜阴种类生长和发育。林分所处的地形、地势不同，小气候因之有很大的差异，森林昆虫的发生和危害情况也相应有所不同。如粉蝶尺蛾，喜欢温暖避风的环境，故多发生于光照充足、气温较高的半阳坡云杉林分。捕食性和寄生性昆虫、肉食性动物、各种病原微生物是森林昆虫的天然敌害，它们对森林害虫的发生起到很大的抑制作用。

4.2.4 营养结构

营养关系是生物群落各生物成员之间最重要的联系，是群落赖以生存的基础。分析群落的营养关系可以了解其营养结构。营养结构可用食物链、食物网和生态锥体来表征。

Elton(1927)首创了"食物链"这一概念来表示食物从植物转入植食动物，又从植食动物转入肉食动物。例如，水稻—稻纵卷叶螟—稻纵卷叶螟绒茧蜂；柑橘—橘蚜—蜘蛛—雀—鹰。

大多数昆虫处于食物链的第二、第三环节上，经常是组成食物链的重要成分之一。根据食物链的起始环节情况,可将其分为食草食物链和残渣食物链两种类型。前者是以活的绿色植物为起始环节,经植食动物、肉食动物等取食关系组成的食物链;后者是以死的有机体(植物的枯枝落叶、动物的尸体和排泄物等)为起始环节,经过腐生动物或微生物逐级分解所构成的食物链。陆地的腐生动物如土壤螨类、多足虫、多类昆虫及原生动物等;水域的腐生动物如蠕虫、软体动物等。

群落中各种生物赖以维持生命活动所需的能量来源是直接或间接来自太阳能,即植物由光合作用将光能转化为化学能而储存在体内,既可供其本身生长发育及行为活动所需的能量,又可供以植物为起始环节的各类型食物链中各营养水平生物所需的能量。由于能量沿着食物链流动,每经一级都将损耗很大的能量。所以,自然界很少有5个环节以上的食物链。

群落中各生物物种间的营养关系十分复杂。例如,一种害虫可能取食多种植物,每种植物也可能有多种害虫,各种害虫又有多种天敌。从群落的食物链结构来看,一个群落可形成多条食物链,这些链以共同的植物、共同的害虫或天敌相联系,从而形成一个错综复杂的网状结构,这种网状结构即食物网(图4-3)。可见食物链和食物网是群落内各种生物营养结构的表征,也是一切群落赖以存在的基础。

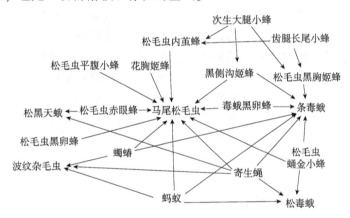

图 4-3 马尾松林昆虫群落的一个食物网

营养结构可用各相继营养级别上的个体数量,或单位面积现存量,或单位面积单位时间所吸收的能量来定量描述和测定。将其按由低到高的顺序排列绘制成图形,可展示一个塔形图。塔基一般较宽,属植物类生产者,相继的隔层形成逐渐缩小的塔身和塔顶,分别为各类消费者,如此构成的图形即生态锥体或生态金字塔。生态锥体有以下3种基本类型。

①数量锥体。以各相继营养级别生物的个体数来描述的生态锥体。

②生物量锥体。以各相继营养级别生物的总干重或其他生命物质总量所建立的生态锥体。

③能量锥体。以各相继营养级别生物的能量或"生产力"所建立的生态锥体。

一般而言,生态锥体多呈塔形,尤以能量锥体最能保持塔形。但数量锥体、生物量锥体有时呈倒置的塔形。如森林群落中的树木个体大而数量相对较少,其植食性昆虫的个体小而数量相对较多,这类群体的数量锥体则呈倒置的塔形。生物量锥体有时也可呈倒置的塔形,如海洋生物群落中的浮游植物个体很小,生活史很短,繁殖快,根据某一时刻的调查结果,其生物量常低于浮游生物的生物量,则也表现为倒置的塔形。

4.2.5 群落交错区与边缘效应

群落交错区又称生态交错区或生态过渡带,是两个或多个群落之间(或生态地带之间)的过渡区域。如森林和草原之间有一森林草原地带,软海底与硬海底的两个海洋群落之间也存在过渡带,两个森林类型之间或两个草本群落之间也都存在交错区。此外,像城乡交接带、干湿交替带、水陆交接带、农牧交错带、沙漠边缘带等也都属于生态过渡带。群落交错区的形状与大小各不相同。过渡带有的宽,有的窄;有的是逐渐过渡的,有的变化突然。群落的边缘有的是持久性的,有的在不断变化。

群落交错区是一个交叉地带或种群竞争的紧张地带。在这里,群落中种的数目及一些种群密度比相邻群落大。群落交错区种的数目及一些种的密度增大的趋势称为边缘效应。如我国大兴安岭森林边缘,具有呈狭带状分布的林缘草甸,每平方米的植物种数达30种以上,明显高于其内侧的森林群落与外侧的草原群落。美国伊利诺伊州森林内部的鸟仅有14种,但在林缘地带达22种。一块草甸在耕作前,40 hm^2 面积上有48对鸟,而在草甸中进行条带状耕作后增加到93对(Good et al., 1943)。

随着对生态过渡带研究的不断深入,人们对生态过渡带的认识也有所变化。但是国际上对生态过渡带仍有一个大致统一的认识,即生态过渡带是指在生态系统中,处于两种或两种以上的物质体系、能量体系、结构体系、功能体系之间所形成的界面,以及围绕该界面向外延伸的过渡带。生态过渡带具有3个主要特征:①它是多种要素的联合作用和转换区,各要素相互作用强烈,常是非线性现象显示区和突变发生区,也常是生物多样性较高的区域;②这里的生态环境抗干扰能力弱,对外力的阻抗相对较低,界面区生态环境一旦遭到破坏,恢复原状的可能性很小;③这里的生态环境的变化速度快,空间迁移能力强,因而也造成生态环境恢复的困难。

4.3 生物群落的种类组成

4.3.1 种类组成

生物群落的种类组成是决定群落性质的最主要因素,也是鉴别不同群落类型的基本特征。最小面积是指基本上能够表现某群落类型生物种类的最小面积。在群落中各物种分布比较均匀的地段,选择样地进行采样和物种鉴定,逐渐扩大样地面积,随着样地面积的加大,样地内生物种数也在增加;当样地扩大至一定面积,样地内的生物种数基本不再增多;反映在种类—面积曲线图(图4-4)上,曲线呈明显变缓趋势。通常将曲线开始变缓处所对应的面积,定为该群落调查取样的最小面积 S_0。

组成群落的物种越丰富,该群落调查取样的最小面积相应也越大。如西双版纳热带雨林取样的最小面积为2500 m^2,北方针叶林为400 m^2,落叶阔叶林为100 m^2,灌丛草原为25~100 m^2,

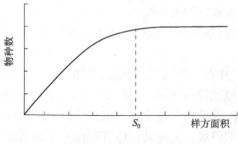

图4-4 种类-面积曲线

草原为 1~4 m²。

群落中各物种不具有同等的群落学重要性。常用的群落成员型有以下几类。

①优势种。对群落的结构和群落环境的形成有明显控制作用的物种叫作优势种。它们通常是那些个体数量多、投影盖度大、生物量高、体积较大、生活能力较强、占有竞争优势并能通过竞争来取得资源的优先占有地位，即优势度较大的种。群落的不同层次可以有各自的优势种，如森林群落中，乔木层、灌木层、草本层和地被层分别存在各自的优势种，其中乔木层(即优势层)的优势种常称为建群种。

②亚优势种。某个生物群落中次于优势种但优势度较高的种叫作亚优势种。根据优势种划分生物群落时，对其下面的划分等级常常使用此词。如枹栎和青冈栎就是赤松-枹栎群落及赤松-青冈栎群落的亚优势种。

③伴生种。是指植物群落中存在度和优势度大致相等而特定群落间并无联系的确限度为二级的种类。但是伴生种在比较高层次的群落单位间也有成为特征种的。如在日本，作为伴生种的山茶在日本温带林的许多植物社会中生长，而在其植物社会的群落属中则成为一个特征种。

④偶见种或稀有种。在群落中出现频率很低的种类叫作偶见种或稀有种。偶见种可能是由于环境的改变偶然侵入的种群或群落中衰退的残遗种群。

4.3.2 数量特征

(1) 种的个体数量指标

①多度。多度是对物种个体数目多少的一种估测指标，多用于群落的野外调查。国内多采用 Drude 的七级制多度，即

Soc. (Sociales)——极多，植物地上部分郁闭。

Cop3. (Copiosae)——很多。

Cop2. (Copiosae)——多。

Cop1. (Copiosae)——尚多。

Sp. (Sparsal)——不多而分散。

Sol. (Solitariae)——很少而稀疏。

Un. (Unicum)——个别或单株。

②密度。密度是指单位长度、面积或单位空间内的个体数。样地内某一物种的个体数占全部物种个体数的百分比称为相对密度。某一物种的密度占群落中密度最高的物种密度的百分比称为密度比。

③盖度(cover degree 或 coverage)。盖度即植物地上部分垂直投影面积占样地面积的比率，又称为投影盖度(真盖度)。对于草原群落，常以离地面 2.54 cm 高度的断面计算；对森林群落，则以树木胸高(1.3 m 处)的断面面积计算。群落中某一物种的分盖度占全部分盖度之和的百分比，即为该物种的相对盖度。某一物种的盖度占盖度最大物种盖度的百分比称为盖度比。盖度可以分为种盖度(分盖度)、层盖度(种组盖度)、总盖度(群落盖度)等。

④频度(frequency)。频度即某个物种在调查范围内出现的频率。

$$频度 = 物种出现的样方数/样方总数 \times 100\% \tag{4-1}$$

频度定律：凡频度在 1%~20% 的植物种归入 A 级，21%~40% 者为 B 级，41%~60% 者为 C 级，61%~80% 者为 D 级，81%~100% 者为 E 级。在一个种类分布比较均匀一致的群落中，属于 A 级频度的种类占大多数；B 级、C 级和 D 级频度的种类较少；E 级频度的植物是群落中的优势种和建群种，占有的比例也较高，符合一般群落中低频度种的数目和较高频度种的数目为多的事实。

⑤高度。高度即植株自然高度表示，分为自然高度和绝对高度。

⑥质量和相对质量。相对质量即单位面积或容积内某一物种的质量占全部物种质量的百分比。在草原植被中，质量分为鲜重与干重。

⑦体积。体积即植物个体所占空间大小的度量。森林植被特别重要。在森林经营中，通过体积的计算，可以获得木材生产量(称为材积)。单株乔木的材积等于胸高断面积 s、树高 h 和形数 f 三者的乘积，即 $V = s \cdot h \cdot f$。其中形数是树干体积与等高同底的圆柱体体积之比。

(2) 种的综合数量指标

①优势度。优势度表示一个种在群落中的地位和作用。优势度的定义和计算方法不统一。

②重要值。重要值是评价不同植物种群在群落中作用的一项综合性数量指标，其值是相对盖度、相对频度和相对密度(或相对高度)的总和。重要值是由 Curtis et al. (1951) 在研究森林群落时首次提出的。它是某个种在群落中的地位和作用的总和数量指标。因为它简单、明确，所以近年来得到普遍采用，计算公式为：

重要值(I.V) = 相对密度 + 相对频度 + 相对优势度(相对基盖度)

相对密度 = (某种株数/总株数) × 100%

相对频度 = (某种频数/总频数) × 100%

相对盖度 = (某种分盖度/总分盖度) × 100%

上式用于灌木或草地群落时，其重要值公式为：

重要值(I.V) = 相对密度 + 相对频度 + 相对盖度

③综合优势比。综合优势比是评价植物种群在群落中，相对作用大小的一种综合性数量指标，其值是通过各种数量测度的比值计算而得。在密度比、盖度比、频度比、高度比和质量比中取任意两项求其平均值，再乘以 100%。

④种的饱和度。种的饱和度指某一植物群落中单位面积内拥有的物种数，也可称之为物种丰富度。不同群落差别很大，一般来说，环境条件优越，种饱和度也越大。

4.3.3 种间关联

如果两个种一起出现的次数高于期望值，它们就具有正关联；如果它们共同出现次数低于期望值，它们就具有负关联。

正关联可能是因一个种依赖于另一个种而存在，或两者受生物的和非生物的环境因子制约而生长在一起；负关联则是由于空间排挤、竞争，他感作用或不同的生境要求而发生。

研究表达种对之间是否关联常采用关联系数。表 4-2 中取样面积对研究结果有重大影响。

表 4-2　2×2 列联

表达种对	种 B		
	+	−	
种 A　+	a	b	a+b
−	c	d	c+d
	a+c	b+d	n

关联系数常用下列公式计算：

$$V = \frac{ad-bc}{\sqrt{(a+b)(c+d)(a+c)(b+d)}} \tag{4-2}$$

如果两物种是正关联的，那么绝大多数样方为 a 型和 d 型；如果属负关联，则为 b 型和 c 型；如果是没有关联的，则 a、b、c、d 各型出现概率相等，即完全随机的。

关联系数的数值变化范围为 −1~+1。按统计学的 X^2 检验法测定所求得关联系数的显著性，即

$$X^2 = \frac{n(ad-bc)^2}{(a+b)(c+d)(a+c)(b+d)} \tag{4-3}$$

随着群落中种数的增加，种对的数目会按 $S(S-1)/2$ 方程迅速增加。

为了说明各种对之间是否关联及它们之间的关联程度，常利用各种相关系数、距离系数或信息指数来描述一个种的数量指标对另一个种或某一环境因子的定量关系，计算结果可用半矩阵或星系图表示。

样方取样的缺点：样方取样法计算出的关联系数明显受样方面积的影响，因此存在主观因素的影响；无样方取样法对群落中研究的两种的邻居进行调查，即每查到一个 A 物种或 B 物种，则查其最近的邻居是 A 还是 B，然后调查下一个 A 或 B，最后按表 4-3 进行统计。

种间关系判断标准：$ad>bc$，表明两物种是分散的；反之，则两物种关系紧密。种间关系也可用关联系数来衡量。

表 4-3　各邻居情况出现的总次数

物种	最近邻居	
	A	B
A	a	b
B	c	d

4.4　群落的发展和演替

4.4.1　演替的基本概念

群落演替是指群落中的生物与环境间反复相互作用，随着时间的推移使群落由一种类

型不可逆转地转变为另一种类型的过程。演替是生物群落与环境相互作用和影响的反复过程，生物物种及其数量在变动，环境也在同步变动。演替是有一定方向和规律的，故是可预测的。演替与一般的变化或波动不同，是一个不可逆的过程，并且从剧烈的变动逐渐趋向于一个较为稳定的状态，也称为顶极群落。演替概念中一个群落被另一个群落代替，这里的"代替"不是"取而代之"，而是优势的取代。生物数量越来越多，种类越来越丰富，群落的结构也越来越复杂，稳定性也相应增强。

4.4.2 群落演替的原因及类别

(1) 演替的原因

①环境不断变化，为群落中某些物种提供有利的繁殖条件，但对另一些物种生存产生不利影响。

②生物本身不断地繁殖、迁移或者迁徙。

③种内与种间关系的改变。

④外界环境条件的改变。

⑤人类活动的干扰。人对生物群落的影响远远超过其他的自然因素。

(2) 演替的类型

①按演替出现的起点划分。可分为原生演替和次生演替两类。原生演替开始于从未被生物占据过的区域，又叫初级演替，如在岩石、沙丘、冰川泥上的演替。次生演替是指在曾被生物占据过的或原来就有生物群落的地方发生的演替，如火烧演替、开垦演替、放牧演替等。

②按引起演替的原因划分。可分为内因性演替和外因性演替。内因性演替是指由于群落内部不同物种间的竞争、抑制或生物活动，改变环境条件的演替。外因性演替是指非生物因素变动引起的演替，如海岸的升降、河流的冲积、沙丘的移动、大气候的变化等。

③按群落代谢特征划分。可分为自养性演替和异养性演替。群落中主要生物以增加光合作用产物的方式进行的演替，属自养性演替；反之属异养性演替。前者如裸岩→地衣→苔藓→草本植物→灌木→森林的过程；后者见于受污染的水体。

4.4.3 演替的过程

群落在演替的过程中大致可以分为3个阶段：侵入定居阶段、竞争平衡阶段、顶极平衡阶段。

在一般自然发生的历史过程中，常可看到一个清澈的湖泊逐年被泥沙或腐烂的水生植物所填塞，逐渐浅湖化并被分割为许多小池塘，称为浅湖分隔或沼泽地，以后又从沼泽地变为旱地。在一年生草本植物侵入并生长后，相继又有多年生草本和一些灌木生长，再发展为乔木，最后成为一片森林，形成了一个较为稳定的群落。随着植物相的变化，一些草食性和肉食性的动物也相应发生、发展，在这个过程中昆虫常可成为群落演替的指示动物。以一个粮食仓库群落的演替为例，仓库是一种人为的环境系统，如果不加其他管理措施而任其发展，常可见到群落演替的3个阶段。最初有一些初级仓储害虫侵入，如谷象、米象、谷蠹、药材甲、豆象、咖啡豆象、米蛾等。这些害虫都可取食为害完整的谷粒，它们常蛀食种子或粮食产品(如酒曲等),蛀成许多小孔、碎粒或碎屑,还有许多虫粪等。经过一段时间便有许多次级仓储害虫侵入并繁殖起来。由于这时的环境不适宜于初级仓储害虫的生存,而次级仓储害虫类便代替初级仓储害虫而成为粮仓中的优势种群,如锯谷盗、拟谷盗等,它们只能取食碎粒,或从虫孔中侵入粮食物品。经过相当时间的为害,粮食碎屑更多,虫粪及其他代谢物不断积累。由于呼吸代谢产生了水分,温度和湿度上升,有利于许多微生物的生长。此时粮食已发生霉烂,这种环境又逐渐不适于次级仓储害虫的生存,而为三级仓储害虫所替代,如黑菌虫、皮蠹、书虱、露尾甲及粉螨等。这种群落结构的变化是不可逆转的,是与粮仓环境同步变化的,是两者相互影响、相互作用的结果。这三大类群的昆虫又可作为粮仓群落演替的指示生物。

4.4.4 演替的特征

群落在演替的过程中具有一些共同性规律,表现在以下方面。

(1)演替的方向性

演替由初始的先锋期经发展期到成熟期或顶极期。Margalef(1968)曾提出用生物量、食物网、生物组成和食物利用率作为衡量群落成熟的指标。Odum(1969)提出用群落能量学、群落结构、生活史、营养物质循环、选择压力和群落的稳定性来衡量演替的趋势。大多数群落的演替都有共同的趋向,即从低等到高等,小型到大型,生活史长到生活史短,群落层次少到层次多,营养层次从简单到复杂,物种数从少到多,种间关系从不平衡到平衡,群落从不稳定到稳定状态。

(2)演替的速度

演替速度是指群落演替从裸地开始,经过一系列演替阶段达到顶极群落所需要的时间。原生演替的速度非常缓慢,因为先驱物种在一片原生裸地上形成种群,再以它为基础发展成一个先驱群落,需要经过漫长的自然选择过程。先驱群落建立之后,每个定居种需要复制、扩散、巩固,同时物种之间发生激烈的资源竞争,群落组成不断变化或更新,所需的时日更长。次生演替的速度则比较迅速。因为这类群落已有一定基础,加上在次生裸地上蕴藏的一个休眠种子或孢子的供应库,这就大大缩短了演替系列的时间。

(3)演替效应

演替效应是指群落内的物种,在其自身发展过程中,对生境产生一些对自己生存不利,而对其他物种生存有利的因素,以致在此过程中创造了物种演替的环境条件。例如,拟谷盗群落在发展过程中产生的代谢废物,对其自身存活是不利的有毒物质,往往抑制其群落增长,甚至引起群落灭亡;同时,这些产物却对某些微生物的繁殖有利,甚至可以排斥并替代拟谷盗。

4.4.5 顶极群落

随着群落的演替,最后出现一个相对稳定的群落,即顶极群落。它是一个环境条件取得相对平衡的自我维持系统。顶极群落的特征和性质取决于在那里起作用的物理环境,以及同群落中物种的遗传特性相互作用的状况。Tansley(1935)根据模拟顶极群落的关键因素,将顶极群落分成以下类型。

(1) 气候顶极群落

具有正常地形与土壤特性，而且其特征不为邻近所出现的外力所干扰的顶极群落，称为气候顶极群落或正常顶极群落或地带性顶极群落。气候顶极群落能反映大气候的特点。

(2) 土壤顶极群落

由于土壤因素偏离正常特征使生长的植被在演替系列和顶极群落中发生特化，这类终极群落称为土壤顶极群落。

(3) 地形顶极群落

由于局部地形（如温带地区的阳坡和阴坡）产生一种具有特色的植被，这类植被发展的顶极群落称地形顶极群落。通常，特定的地形、地貌特征形成特殊的土壤条件，伴随特殊的小气候，又可称地形—土壤顶极群落。

(4) 动物顶极群落

除植被以外，任何群落都含有许多直接或间接依靠植物为食或作为栖息场所的动物种群。有时一个植物群落的结构和组成，为某种动物经常的、强有力的活动所制约，使原先的群落朝着这类动物所施压力向平衡的方向发展，即某种占优势的动物改变了植被，构成一个与动物活动密切联系的动态系统，称为动物顶极群落。关于顶极群落的性质，有单顶极学说、多顶极学说和顶极群落—格局学说3种不同的学说。

①单顶极学说。该学说是美国生态学家Clements(1916、1936)所提倡的。他认为在每一个气候区，只有一个顶极群落，其他一切群落类型都朝着这唯一的一种顶极群落发展，并认为各地区的顶极群落的类型取决于当地的气候条件。

②多顶极学说。该学说是英国生态学家Tansley所提倡的。他认为任何一个地区的顶极群落都是多个的，它取决于土壤理化性质和动物的活动等因素。单顶极学说则认为，这些多种多样的群落都处于演替过程中，它们终究都要演变为当地特有的、单一的顶极群落。因此，两个学派实质上的不同，变成对于测定相对稳定性的时间标准。但是，无论以什么时间为标准，气候都是变化的。演替是一个连续的变化过程，一个气候区只有一个顶极群落的概念就十分抽象了。

③顶极群落-格局学说。该学说是Whittaker(1953)根据多顶极学说提出的。他认为自然群落是由许多环境因素决定的，如气候、土壤、生物等因素。他认为在逐渐改变的环境梯度中，顶极群落类型也是连续地逐渐变化的，彼此之间难以彻底划分开来。目前，多数学者倾向于多顶极学说及顶极群落-格局学说，但限于生物群落类型在地球上的情况，从大范围来看，仍有地带性规律。

4.4.6 人类活动对演替的影响

(1) 人类活动对演替的影响

人类活动对生物群落演替的影响很大。人类有目的、有意识进行的生产活动可以对生物之间、人类与其他生物之间以及生物与环境之间的相互关系加以控制，甚至可以改造或重建起新的关系。

人类活动往往会使群落演替按照不同于自然演替的速度和方向进行。砍伐森林、填湖造地、捕杀动物等生产活动，使群落向不良方向演替，不利于生态系统稳定性的维持；封山育林、治理沙漠、管理草原等生产活动,使群落演替向良性方向发展,对于改善生态环境、实现经济和环境的可持续发展具有重要的现实意义。

(2) 外来物种的引入

人类活动中,会有意或无意地将一个新物种引入某一群落之中,在适宜条件下,新物种会迅速成为优势种,破坏原有群落的稳定性。外来物种的负面影响包括:

①影响生物的多样性。外来物种由于缺乏天敌造成大量繁殖,使本地物种生存空间变小,甚至影响到本地物种生存,降低物种多样性。

②破坏生态系统的平衡。外来物种大量繁殖形成优势种,使本地物种已适应的栖息环境发生改变,破坏了本地生态系统原有的相对稳定,导致生态系统的平衡被破坏。

4.5 群落的特性分析

(1) 群落的丰富度

群落的丰富度是表征群落中包含多少个物种的量度,是表征一个群落特性的最基本的一个度量。它常以群落中总共包含的物种数 S 来表征,丰富度越大,则物种数越多,生物物种间的关系越复杂。影响群落丰富度的因素有以下几个方面。

①历史的因素。群落演替的初期或前期物种数常较少,越接近演替的后期物种数越多,即群落越年轻物种数越少。如寒带地区距历史上冰川袭击而群落重建的时间较短,也可以说较为年轻,所以物种数较少;相反,热带地区受冰川影响小,其群落的年龄较大,因而物种数较多。

②潜在定居者(物种库)的数量。任何一个群落都是开放式的,尤其是演替初期,群落的物种都是从周围群落中迁来定居的。因此,其周围的物种库数量的大小,也可影响到其迁入定居物种数的多少。

③距物种库的距离。距物种库的距离越近,则可能迁入定居的物种数越多。

④生活小区的面积。生活小区的面积可影响物种基因漂变的概率面积,进而决定其灭绝的风险程度。

⑤群落内物种间的竞争。群落内物种间的相互竞争关系可以导致某些种的生存或灭亡。

(2) 群落的优势度

群落的优势度是指群落中个体数量最多的一种种群的个体数占群落总生物个体数的比例。其公式如下:

$$B = n_{max}/N \tag{4-4}$$

式中 n_{max}——群落数量最多物种的数量;
N——群落的总个体数。

优势度越大,表示群落内物种间个体数差异越大,其优势种突出,种间竞争激烈,群落处于不稳定状态。

(3) 优势集中性指数

群落的优势集中指数(Simpson,1949)是用概率论概念分析群落的优势度,其计算公式如下：

$$C = \sum p_i^2 = \sum \left(\frac{n_i}{N}\right)^2 \tag{4-5}$$

式中　p_i——种 i 出现的频率；
　　　n_i——种 i 出现的个体数；
　　　N——群落的总个体数。

此式是指当随机抽取 2 个样本时，抽到的为同一种的概率。优势集中性指数也是表征群落内各物种个体数分布规律的一个度量方法。

(4) 群落的物种多样性

群落的物种多样性是一种利用群落中物种数和各物种个体数来表示群落特征的表示方法。上述群落的丰富度 S，只包含了物种数一个信息。群落的优势度 B 则只包含了物种个体数一个信息，而群落的物种多样性则包含群落物种数目及各物种的个体重要值（个体数、生物量、生产力等）之间的比例关系。最常见的计算方法有两种。

①丰富度指数。丰富度指一个群落或生境中物种数量的多少，生态学中采用的丰富度指数有 Gleason 指数、Margalef 指数等。

Gleason(1922) 指数计算公式如下：

$$D = S/\ln A \tag{4-6}$$

式中　A——单位面积；
　　　S——群落中物种数量。

这是最简单、最古老的物种多样性测定方法，至今仍为许多研究者所应用。它可以表明一定面积生境内生物种类的数目。

Margalef(1958) 指数计算公式如下：

$$D = S - 1/\ln N \tag{4-7}$$

式中　S——群落中物种数量；
　　　N——调查样方中观察到的个体总数（随样本大小而增减）。

②多样性指数。生态学中常采用的多样性指数有辛普森多样性指数和香农-威纳指数。

辛普森多样性指数：辛普森(1949) 以概率论为依据，基于在一个无限大小的群落中，随机抽取两个个体，它们属于同一物种的概率是多少的假设而推导。

假设种 i 的个体数占群落中总个体数的比例为 p_i，那么随机取种 i 两个个体的联合概率就为 p_i^2。如果我们将群落中全部种的概率合起来，就可得到辛普森多样性指数，即：

$$D = 1 - \sum_{i=1}^{S} p_i^2 = 1 - \sum_{i=1}^{S}(N_i/N) \tag{4-8}$$

式中　S——群落中物种数量；
　　　N_i——种 i 的个体数；
　　　N——群落中全部物种的个体数。

香农-威纳指数(Shannon-Wiener)：该指数是 Shannon 和 Wiener 借用了信息论方法提出的。信息论的主要测量目标是系统的序或无序生物含量。香农-威纳指数利用了信息论中的不定性测量方法，在信息流中物种数就相当于字母数，而各物种的个体数，就相当于各字母出现的次数。如果多样性指数越大，其不定性也就越大。香农指数的公式为：

$$H' = -\sum_{i=1}^{S} p_i \log_2 p_i \tag{4-9}$$

式中　H'——群落的物种多样性指数；

　　　p_i——样地中属于种 i 的个体占全部个体的比例；

　　　S——种数。

公式中对数的底可取 2、e 和 10，但单位不同，分别为 nit、bit 和 dit。

(5) 群落的均匀度

Pielou(1975)提出了用均匀度指数来衡量群落的均匀程度。它是指一个群落或生境中全部物种个体数目的分配状况，它反映的是各物种个体数目分配的均匀程度。其计算公式如下：

$$E = \frac{H'}{H_{\max}} = \frac{H'}{\log_e S} \tag{4-10}$$

式中　H'——群落多样性指数；

　　　S——总物种数。

均匀度越大则表示群落内各物种间个体数分布越均匀，物种的多样性就越大，物种间的相互制约关系较密切。

(6) 群落的稳定性

群落的稳定性是指群落抑制物种种群波动和从扰动中恢复平稳状态的能力。它包括群落现状稳定性、时间过程稳定性、抗扰动能力稳定性和扰动后恢复平稳的稳定性 4 种情况。

①抵抗力。群落抵抗扰动和维持系统的结构和功能保持原状的能力。

②恢复力。群落在遭受扰动后恢复到原状的能力。

③稳定性与多样性的关系。一般认为多样性越高，稳定性越好。

④稳定性指数。由经验公式得出一个指数，以相对定量地预测水中碳酸钙沉淀或溶解的倾向性。稳定性指数以水在碳酸钙处于平衡条件理论计算的 pH 值的 2 倍减去水的实际 pH 值之差来表示，即

$$\text{稳定性指数} = -\sum_{i=1}^{S} p_i \log_2 p_i \tag{4-11}$$

式中　S——能流路线数；

　　　p_i——第 i 个能流路线占食物链中总能量的比例。

(7) 相似性测度

①杰卡特群落相似性系数为：

$$C_J = j/(a+b-j) \tag{4-12}$$

②索雷申群落相似性系数为：

$$C_S = 2j/(a+b) \tag{4-13}$$

③芒福德群落相似性系数为：

$$C_M = 2j/[2ab-(a+b)] \tag{4-14}$$

式中　j——两群落均具有的物种数；

　　　a——A 群落中的物种数；

b——B 群落中的物种数。

也可用群落各物种的生物量或频率来计算，即 j 为两群落共有种中较小一方的生物量的和，a 为 A 群落总生物量，b 为 B 群落总生物量。

上述杰卡特群落相似性系数(C_J)和索雷申群落相似性系数(C_S)的最大值均为 1；芒福德群落相似性系数(C_M)的最大值为 ∞。当两个群落所含有的种完全相同时，其系数为最大值；当两个群落所含有的种完全不同时，其系数为 0；系数自 0 至最大值之间，顺次表示两个群落相似程度的大小。

④百分率相似性指数为：

$$P_S = 100 - 0.5 \sum |a_i - b_i| \tag{4-15}$$

式中　a_i——A 群落中第 i 种个体所占百分率；

b_i——B 群落中第 i 种个体所占百分率。

此指数还可以表示为：

$$P_S = \sum 两群落中各物种最低百分率 \tag{4-16}$$

4.6　影响生物群落结构的因素

4.6.1　生物因素对群落结构的影响

群落结构总体上是对环境条件的生态适应，但在其形成过程中，生物因素起着重要作用，其中作用最大的是竞争与捕食。

(1) 竞争对群落结构的影响

竞争对群落结构的形成有重要影响。对种间竞争在形成群落结构的作用问题上，最直接的证据可能是在自然群落中对物种进行引进或去除实验。Schoner 和 Cornell 就分别对种间竞争研究的文献进行过统计(分别达 184 例和 72 例研究)，平均有 90%的例证说明有种间竞争，表明自然群落中竞争是相当普遍的。他们的结果还表明，海洋生物中有种间竞争的比例较陆地生物多；大型生物间比小型生物间高；而植食性昆虫中竞争比例低，因为绿色植物到处都有，较丰富，很少被一食而空，所以为食物资源而竞争的可能性比较小。

已有证据表明，竞争是群落形成的重要驱动因素。但竞争的重要性在多个群落间显然是不同的，而且常常只是影响物种之间相互作用的一小部分。许多调查结果显示的竞争往往是不激烈的，这一般是由于以下原因。

①自然选择可能已有效地通过生态位划分而避免了竞争(或者抹去了过去竞争的痕迹)。

②在一个环境斑块中，具有强竞争力的物种共存，因为它们并不利用相同的资源。

③物种也许仅仅在种群暴发、资源短缺时才发生竞争。

由此可见，竞争可导致生态位的分化。群落中的种间竞争常出现在同资源种团和生态位比较接近的种类之间。通过在自然群落中进行引种和去除实验，对高等植物的竞争与生态位分化和共存的研究难度较大，这是因为植物是自养生物，都需要光、二氧化碳、水和营养物质。许多种植物在竞争少数共同资源中能够共存(图 4-5)。

(2) 捕食对群落结构的影响

捕食对形成群落结构的作用，视捕食者是泛化者还是特化者而异。若食草动物作用加

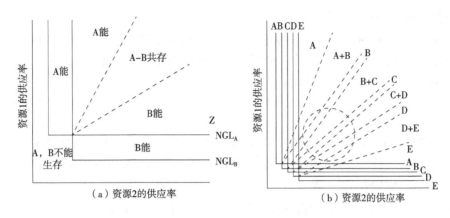

图 4-5 植物的两种竞争模型

强,草地上的植物种数会有所增加,草地物种多样性提高;但若草食动物的食草压力过高时,植物种数又会随之降低。草地植物多样性与兔子食草强度的关系呈单峰曲线。选择性捕食者选择的喜食种如果属于优势种,则捕食能够提高多样性;如果喜食的是竞争上占劣势的种类,则会降低多样性。

4.6.2 干扰对群落结构的影响

(1) 干扰与群落的断层

干扰造成群落的间断,在不发生继续干扰的情况下逐渐恢复,但在间断处哪一种成为优势种可认为是断层的抽彩式竞争。群落整体有更多的物种可以共存,多样性明显提高。通常,抽彩式竞争出现在以下两种条件下:①群落中具有许多入侵断层能力相等和耐受断层中物理环境能力相等的物种;②这些物种中任何一种在其生活史过程中能阻止后入侵的其他物种再入侵。

(2) 干扰与群落多样性

中度干扰假说认为,中等程度的干扰能够增加或维持高的物种多样性,认为中等程度干扰允许更多的物种入侵和定居,可维持最高的多样性水平。

干扰理论有其重要应用价值。人们在保护自然界生物多样性的过程中,不能简单地排除干扰,因为中度干扰能增加多样性。群落中不断出现的断层、斑块状镶嵌及新的小群落,都可能是维持和产生生物多样性的动力。在自然保护、农业、林业和野生动物管理等方面应注意运用干扰理论,开展适度干扰的研究,以利于生物多样性的保护。

4.6.3 空间异质性与群落结构

群落的环境不是均匀一致的,空间异质性越高,意味着有更加多样的小生境,能允许更多的物种共存。

(1) 非生物环境的空间异质性

在土壤和地形变化频繁的地段,群落含有更多的植物种,而平坦同质土壤的群落多样性低。Harman研究了淡水系统软体动物种数与空间异质性的相关性,也得出栖境质类型越多,淡水软体动物种数越多的结果。

(2) 生物环境的空间异质性

邹运鼎等(1999)对七星瓢虫、异色瓢虫各自种内的干扰作用作过报道,探究空间异质性对七星瓢虫捕食作用的影响研究。研究表明,环境阻力越大,捕食作用率越低,说明空间异质性越复杂,捕食作用率越低。

4.6.4 岛屿与群落结构

由于岛屿与大陆隔离,生物学家把岛屿作为研究进化论和生态学问题的天然实验室或微宇宙,如达尔文对加拉帕戈斯群岛的研究及 MacArthur 对岛屿生态学的研究等。

(1) 岛屿的物种数—面积关系

岛屿上(或一个地区中)物种数会随着岛屿面积的增大而增加,最初增加十分迅速,当物种接近该生境所能承受的最大数量时,增加将逐渐停止。物种数的对数与面积对数是一种线性关系(图4-6)。对于海洋岛屿和生境岛屿来说,这些双对数坐标图直线的斜率大多在 0.24~0.34。对于连续生境内的亚区域,斜率接近 0.1。随着面积增加,物种多样性增加的效果在岛屿上要比连续生境内明显。

海岛的物种数-面积关系可用方程描述,即:

$$S = cA^z \quad \text{或} \quad \lg S = \lg c + z \cdot \lg A \tag{4-17}$$

式中 S——物种数;

A——面积;

z——物种数-面积关系中回归直线的斜率;

c——单位面积物种数的常数。

加拉帕戈斯群岛的关系式为:$S = 28.6 A^{0.32}$。

就广义而言:湖泊受陆地包围,也就是陆"海"中的岛;热带地区山的顶部是低纬度的岛;成片岩石、一类植被或土壤中的另一类土壤和植被斑块、封闭林冠中由于倒木形成的"断层",都可视为"岛"。研究表明,这类"岛"中的物种数-面积关系同样可以用上述方程进行描述。岛屿面积越大物种数越多,这种现象称为岛屿效应。岛屿效应说明岛屿对形成群落结构过程的重要影响,因为岛屿处于隔离状态,其迁入和迁出的强度低于周围连续的大陆。Lack 还认为,大岛具有较多物种数是含有较多生境的简单反映,即生境多样性导致物种多样性。

(2) 岛屿生物地理平衡说

岛屿上生物种数取决于物种迁入和灭亡的平衡。这是一种动态平衡,不断地出现物种灭亡,也不断地出现同种或别种的潜入而替代补偿灭亡的物种。MacArthur 提出的岛屿生物地理平衡说以迁入率曲线为例:当岛上无居留种时,任何迁入个体都是新的,因而迁入率高;随着居留种数加大,种的迁入率就下降;当种源库(即大陆上的种)所有种在岛上都有时,迁入率为零。灭亡率则相反,留居种数越多,灭亡率也越高。当迁入物种的数目增加时,到达岛屿的迁入来的物种

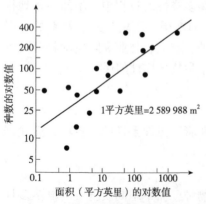

图4-6 加拉帕戈斯群岛陆地植物种数与岛面积的关系

的数目会随着时间的推移而减少；相反，当物种之间的竞争变强时，灭绝的速率会增加。当灭绝和迁入的速率达到相等时，物种的数目就处于平衡稳定状态。迁入率多大还取决于岛的远近和面积，近而大的岛，其迁入率高；远而小的岛，迁入率低。同样，灭亡率也受岛面积的影响。

将迁入率曲线和灭亡率曲线叠在一起，其交叉点上的种数即为该岛上预测的物种数。从图4-7中可以看出：岛屿面积越大且距离大陆越近的岛屿，其留居物种的数目最多；而岛屿面积越小且距离大陆越远的岛屿，其留居物种的数目最少。因此，根据平衡说，可以预测出以下4点：①岛上的物种数不随时间而变化；②动态平衡，即消失种不断地被新迁入种所代替；③大岛比小岛能"供养"更多的物种；④岛屿与大陆的距离由近到远，平衡点物种数由高到低。

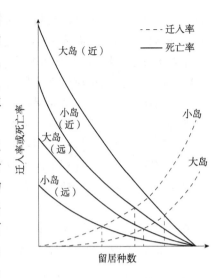

图4-7　岛屿生物地理平衡说示意

(3) 岛屿群落的进化

岛屿与大陆是隔离的，隔离是形成新物种的重要机制之一。因此，岛屿特有种可能比较多，尤其是扩散能力弱的分类单元。另外，岛屿群落由于进化的历史较短，有可能是物种未饱和。

①岛屿和集合种群。由于人类活动的影响，自然生境正日益片段化。集合种群理论现在被普遍用来解释片段化生境的种群动态。一个集合种群是由含有通过迁入和迁出交换个体的许多种群组成。这种研究途径要比完全隔离的岛屿模型更为现实，因为种群的维持依靠的是个体在斑块之间的移动，而不是来自一个大的单一的种子库源的移植。与岛屿不同，生境斑块是镶嵌在景观斑块之中的。周围的景观能够影响斑块的特征和阻止生物个体在斑块之间的移动。

当斑块之间的景观变得日益不友好和片段化增加时，边缘物种的数目将以牺牲内部物种群为代价而增加。如果存在一个大的迁入者源且它又接近数量丰富的该种群，那么内部物种在片段中可以生存下去；或者如果景观具有廊道或绿色通道，集合种群之间的物种移动将会很便利。

②岛屿群落的进化。首先，岛屿与大陆是隔离的，根据物种形成学说，隔离是形成新物种的重要机制之一。因此，如Williamson所言，岛屿的物种进化较迁入快，而在大陆迁入较进化快。不过有一点需要说明，生物的迁移和扩散能力是不相同的，所以对于某一分类群是岛屿，而对另一类群，相当于大陆，实际上，大陆也是四面围海的"岛"。其次，离大陆遥远的岛屿上，特有种(即只见于该地的种)可能比较多，尤其是扩散能力弱的分类单元更有可能。再次，岛屿群落有可能是物种未饱和的，其原因可能是进化的历史较短，不足以发展到群落饱和的阶段。以上各点都说明岛屿对于群落结构形成过程具有重大影响。

③岛屿生态与自然保护。在某种意义上讲，自然保护区是受周围生境"海洋"所保卫的

岛屿，因此岛屿生态理论对自然保护区设计具有指导意义。一般来说，保护区面积越大，支持的物种数越多；面积越小，支持的种数也越少。但有两点需要说明：一是建立保护区意味着出现了边缘生境（如森林开发为农田后建立的森林保护区），适应边缘生境的种类受到额外的支持；二是对于某些种类而言，在小保护区比在大保护区可能生活得更好。

在同样面积下，一个大保护区好还是若干小保护区好决定于以下几点：若每一小保护区支持的都是相同的一些种，那么大保护区能支持更多种；从传播流行病而言，隔离的小保护区有更好的防止传播作用；如果在一个相当异质的区域中建立保护区，多个小保护区能提高空间异质性，有利于保护物种多样性；对密度低、增长率慢的大型动物，为了保护其遗传特性，较大的保护区是必需的。

在各个小保护区之间的"通道"或"走廊"，对于物种保护是很有帮助的。因为它能减少被保护物种灭亡的风险，而且细长的保护区有利于物种的迁入。但在设计和建立保护区时，最重要的是要深入掌握被保护物种的生态学特性。

4.6.5 物种丰富度的简单模型

物种丰富度的模型可以帮助我们理解影响群落结构形成的因素，图4-8为物种丰富度的简单模型。

设R代表一维资源连续体，其长度代表群落的有效资源范围，群落中每一物种只能利用R的一部分。n表示某个种的生态位宽度，$\bar{n}$表示群落中物种的平均生态位宽度，$\bar{\sigma}$表示平均生态位重叠。模型的目的是阐明群落所含物种数多少的原因。

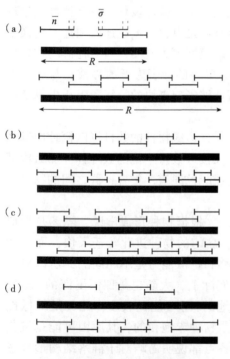

图4-8 物种丰富度的简单模型

①设$\bar{n}$和$\bar{\sigma}$是一定值，那么R值越大（代表资源范围大），群落将含有更多的种数，图4-8(a)中的两个R连续体。如前所述，当群落中竞争占重要作用和因出现资源分隔而共存时，这个结论是正确的。竞争在群落中不起重要作用的场合，也可以认为该结论是合理的，即可供物种生存的有效资源范围越广，可共存的种数也越多，无论种间有无相互作用都是正确的。

②设R是一定值，那么n越小（表示种在利用资源上越分化，生态位越狭窄），种群中将有更高的物种丰富度，如图4-8(b)所示。

③设R是一定值，那么σ越大（表示物种间利用资源中重叠利用多），群落将含有更多的种数，如图4-8(c)所示。

④设R是一定值，群落的饱和度越高，就越能含有更多的物种数；相反，群落中有一部分资源未被利用，所含种数也就越少。

以此模型作为基础，我们可以再讨论前述影响形成群落结构的诸因素。

如果某一群落属于种间竞争起重要作用的群落,那么其资源就可能被利用得更加完全。在此情况下,物种丰富度将取决于有效资源的范围[图 4-8(a)]、种特化程度[图 4-8(b)]及允许生态位重叠的程度[图 4-8(c)]。

捕食对于群落结构具有各种影响:首先,捕食者可能消灭某些猎物种,群落因而出现未充分利用的资源,使饱和度小,物种数少[图 4-8(b)];其次,捕食使一些种的数量长久低于环境容纳量,降低了种间竞争强度,允许更多生态位重叠,就有更多物种共存[图 4-8(c)]。岛屿代表一种"发育不全"的群落,其原因主要是由于以下几点:面积小,资源范围减少[图 4-8(a)];面积小,物种被消灭的风险大,反映在群落饱和度低上[图 4-8(d)];能在岛上生活的物种有可能尚未迁入岛上。图 4-8 的简单模型,形象地说明了捕食、竞争和岛屿三方面对于群落结构形成过程的重要影响。

4.6.6 平衡说和非平衡说

对于形成群落结构的一般理论,有两种对立的观点,即平衡学说和非平衡学说。

(1) 平衡说

平衡说认为共同生活在同一群落中的物种处于一种稳定状态,生物群落为存在于不断变化着的物理环境中的稳定实体。其主导思想是:共同生活的种群通过竞争、捕食和互利共生等种间关系而形成相互牵制的整体,导致生物群落具有全局稳定性特点;在稳定状态下群落的物种组成和各种群数量都变化不大;群落的变化是由环境的变化,即所谓的干扰所引起的。

平衡说提出较早,可追溯到 Ellon(1927),他认为群落中种群的数量不断变化,但其原因是环境的变动,如严冬和旋风;并可由一种种群传给另一种种群,如被食者的种群变动导致捕食者的种群变动。如环境停止变动,群落将停在稳定状态。MacArthur 的岛屿生物地理平衡说认为,群落的物种数是一常数,这是迁入和灭绝之间的平衡所取得的。因而构成群落的物种是在不断变化之中,而种数则保持稳定,是动态平衡。

(2) 非平衡说

非平衡说认为,组成群落的物种始终处在不断地变化之中,自然界中的群落不存在全局稳定性,存在的只是群落的抵抗性(群落抵抗外界干扰的能力)和恢复性(群落在受干扰后恢复到原来状态的能力)。非平衡说的重要依据就是中度干扰理论。

Huston(1979)的干扰理论对竞争结局的研究可以说明非平衡说。Lot-Volterra 的竞争排斥律可以被证明,但必须在稳定而均匀的环境中,并且有足够时间,才能使一物种挤掉另一物种,或通过生态位分化而共存。但在现实中环境是不断变化的,种间竞争强度和条件有利于哪一种都在变化之中,这可能就是自然群落中竞争排斥直接证据有限的原因。图 4-9 能够说明以下几点:

①如果环境条件稳定,其持续时间足以使一物种排斥另一物种,如图 4-9(a)所示。

②如果环境条件有改变,并且相隔时间较长,在有利于 S_1 时(第一种情况),S_2 被排除;反之,S_1 被排除(第二种情况),如图 4-9(b)所示。

③如果环境变化比较频繁,一种不足以排斥另一种,则出现交替升降而得到在动态中共存的局面,如图 4-9(c)所示。如在海洋和湖泊中通常有很丰富的浮游植物种类,只用资源分隔和捕食影响来说明这种高多样性是难以使人信服的,但这些水体的光、温、营养物质等物

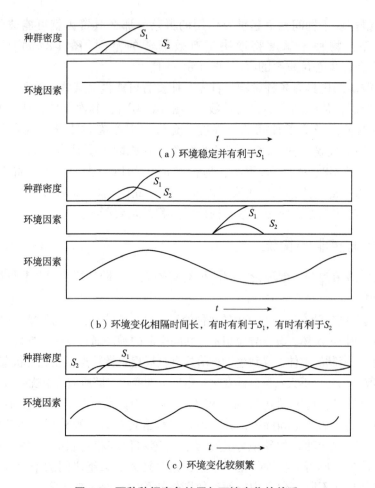

图 4-9 两种种间竞争结局与环境变化的关系

理环境变化很快,以天计或以小时计,因此在竞争排斥过程中多次中断,从而达到共存。

Huston 还以数学模型研究了干扰频率对于由 6 个种组成的群落的竞争影响。他分高频、中频和没有干扰三级,产生的结果如下:在没有干扰时,较短时间就出现竞争排斥的结局;在中频干扰时,竞争排斥过程变得很慢,多样性较高,并且持续时间长;在高频干扰下,多样性较中频时降低,其原因是种群在受到干扰而密度下降后,在下一干扰前还不足以恢复。这项研究支持了 Connell 的中度干扰说。

(3)平衡说和非平衡说的区别

①注意焦点。平衡说的注意焦点是系统处于平衡点时的性质,而对于时间和变异性注意不足;非平衡说则把注意焦点放在离开平衡点时系统的行为变化过程,特别强调时间和变异性。

②干扰对群落的作用。平衡说认为,群落系统有向平衡点发展的趋势,但有或大或小的波动。因此,平衡说和非平衡说的区别在于干扰对群落重要作用认识上的区别。

③把群落视为封闭系统还是开放系统。Lot-Vollerra 的竞争模型把两物种竞争视为封闭系统,结局是一种使另一种灭绝。开放系统的模型包括一组小室(模拟群落中的斑块性,斑块

间可以有迁移存在),相互竞争中可能有一种灭绝,也可能由一小室迁入另一小室。模型研究证明:当系统被分为小室以后,哪怕是少数简单的小室,由于小室间高水平的连通性,使达到平衡的时间大为延长。Caswell(1978)以3个物种系统进行模型研究,系统中有一种捕食者和两种猎物,猎物间存在种间竞争。他把"群落"分成50个小室,室间可以迁移。模拟结果是,在这样的开放系统中,3种共存1000世代,直到模拟实验结束。模拟重复10次,其结果是相同的。但如果没有捕食者,竞争力弱的那一种在平均64代(10次,从53代到80代)时被强者所竞争排斥而灭亡。Caswell模型表明,开放的、非平衡系统使竞争排斥的结局大大地推迟,几乎达到竞争物种无限的局面。模型的结构在生物学上是相当现实的,它与前述Paine所进行的以海星为优势的群落很相似。海星的捕食为竞争力低的藻类打开了可供迁入的"小室"。在自然群落中,不仅是捕食者有此作用,各种物理干扰所造成的断层也有类似的效应。重视干扰和空间异质性的重大作用,是当代群落生态学的特点。

第 5 章

生态系统生态学

5.1 生态系统概述

5.1.1 生态系统的概念

自然界中的任何生物群落都不是孤立存在的,它们总是通过能量和物质的交换与其生存的环境相互联系、相互作用,共同形成统一的整体,这样的整体就是生态系统。换句话说,生态系统就是在一定区域内,生物和它们的非生物环境(物理环境)之间进行连续的能量和物质交换所形成的一个生态学功能单位。

5.1.2 生态系统的特征

①具有自我调节能力。
②能量流动、物质循环和信息传递是生态系统的三大功能。
③生态系统中营养级数目一般不会超过 5 个。
④生态系统是一个半开放的动态系统,要经历一个从简单到复杂,从不成熟到成熟的演变过程,其早期阶段和晚期阶段具有不同特性。

5.1.3 生态系统的基本结构

生态系统是由生物与非生物相互作用结合而成的结构有序的系统。生态系统结构主要指构成要素及其量比关系,各组分在时间、空间上的分布,以及各组分间能量流、物质流、信息流的途径与传递关系。生态系统结构主要包括组分结构、时空结构和营养结构三个方面。

5.1.3.1 组分结构

组分结构是指生态系统中由不同生物类型或品种以及它们之间不同的数量组合关系所构成的系统结构。组分结构中主要讨论的是生物群落的种类组成及各组分之间的量比关系,生物种群是构成生态系统的基本单元,不同物种(或类群)以及它们之间不同的量比关系,构成了生态系统的基本特征。例如,平原地区的"粮-猪-沼"系统和山区的"林-草-畜"系统,由于物种结构的不同,形成功能及特征各不相同的生态系统。即使物种类型相同,但各物种类型所占比重不同,也会产生不同的功能。此外,环境构成要素及状况也属于组分结构。

5.1.3.2 时空结构

时空结构也称形态结构,是指各种生物成分或群落在空间上和时间上的不同配置和形态变化特征,包括水平分布上的镶嵌性、垂直分布上的成层性和时间上的发展演替特征,即水平结构、垂直结构和时空分布格局。

(1)水平结构

生态系统的水平结构是指在一定生态区域内生物类群在水平空间上的组合与分布。在不同的地理环境条件下,受地形、水文、土壤、气候等环境因子的综合影响,植物在地面上的分布并非均匀的。地段种类多、植被盖度大的地段物种种类也相应多,反之则少。这种生物成分的区域分布差异性直接体现在景观类型的变化上,形成了所谓的带状分布、同心圆式分布或块状镶嵌分布等景观格局。例如,地处北京西郊的百家疃村,其地貌类型为山前洪积扇,从山地到洪积扇中上部再到扇缘地带,随着土壤、水分等因素的梯度变化,农业生态系统的水平结构表现规律性变化:山地以人工生态林为主,有油松、侧柏、元宝枫等;洪积扇上部为旱生灌草丛及零星分布的杏树、枣树;洪积扇中部为果园,有苹果、桃、樱桃等;洪积扇的下部为乡村居民点;洪积扇扇缘及交接洼地主要是蔬菜地、苗圃和水稻田。

(2)垂直结构

生态系统的垂直结构包括不同类型生态系统在海拔不同的生境上的垂直分布和生态系统内部不同类型物种及不同个体的垂直分层两个方面。

随着海拔的变化,生物类型出现有规律的垂直分层现象,这是由于生物生存的生态环境因素发生变化的缘故。如川西高原,自谷底向上,其植被和土壤依次为:灌丛草原(棕褐土)→灌丛草甸(棕毡土)→亚高山草甸(黑毡土)→高山草甸(草毡土)。由于山地海拔的不同,光、热、水、土等因子发生有规律的垂直变化,从而影响了农、林、牧各业的生产和布局,形成了独具特色的立体农业生态系统。

生态系统内部垂直结构以农业生态系统为例。作物群体在垂直空间上的组合与分布,分为地上结构与地下结构两部分。地上部分主要研究复合群体茎、枝、叶在空间的合理分布以求得群体最大限度地利用光、热、水、大气资源。地下部分主要研究复合群体根系在土壤中的合理分布,以求得土壤水分、养分的合理利用,达到"种间互利,用养结合"的目的。

(3)时间结构

一是长时间度量,以生态系统进化为主要内容;二是中等时间度量,以群落演替为主要内容;三是昼夜、季节等短时间的变化。

5.1.3.3 营养结构

营养结构是指生态系统中生物与生物之间,生产者、消费者和分解者之间以食物营养为纽带所形成的食物链和食物网,它是物质循环和能量转化的主要途径。

(1)非生物环境

①基质。土壤、岩石、沙砾和水等。包括土壤的理化性质和成分,构成植物生长和动物活动的空间。

②物质代谢的环境。太阳能、二氧化碳、氧气、氮气、无机盐和水等。

③生物代谢的媒介。无机元素和无机化合物、有机物(如蛋白质、糖类、脂类和腐殖质等)、气候条件(温度、湿度、降水、日照、气压),它们是生物生存的环境,也是生物代谢的材料。

(2)生物组分

①生产者。是指能利用简单的无机物合成有机物的自养生物或绿色植物。能够通过光合作用把太阳能转化为化学能,或通过化能合成作用,把无机物转化为有机物,不仅供给自身的发育生长,也为其他生物提供物质和能量,在生态系统中居于最重要地位。

②消费者。是指那些不能以无机物质制造有机物质,而是直接或间接依赖于生产所制造的有机物质而生活的生物,为食物链中的一个环节。消费者可分为以下几种。

食草动物:是指直接以植物体为营养的动物。在池塘中有漂流动物和底栖动物两类,它们以浮游植物为生。陆地上的食草动物,如草食性昆虫和食草性哺乳动物。食草动物即一级消费者。

食肉动物:是指以食草动物为食的动物。如池塘中以浮游植物为食的鱼类,陆地上以食草动物为食的捕食性动物(如肉食鸟兽、捕食性或寄生性天敌昆虫也属于此类),这类食肉动物可统称为二级消费者。

顶级食肉动物:是指以食肉动物为食的肉食动物。如池塘中的黑鱼或鳜鱼,陆地上的鹰等猛禽或重寄生肉食性昆虫,可统称为三级消费者。

上述生态系统中生物之间的关系,若按营养级划分,则生产者属于第一营养级,食草动物属第二营养级,以食草动物为食的食肉动物属于第三营养级,继而还有第四、第五营养级。由于受能流随营养级而递减的规律所限制,营养级难以扩增太多。

在自然界,并非所有消费者都能清楚地归入某个营养级,事实上许多消费者是杂食动物。例如,瓢虫类有的既食植物,又食植物性昆虫;有的步甲既捕食昆虫,又食腐殖质;又如狐,既食鼠类,又食浆果,有时还食动物尸体,它们就占有几个营养级。动物的食性还随季节、生活周期而改变。因此,有时将某些动物归入生态系统中某一营养级是相当困难的,不过关于营养结构的理论还是很有价值的。

③分解者。分解者属于异养生物,这类生物能将动物尸体或植物残体(包括植物的枯枝落叶等)中的复杂有机物质加以分解,形成可供生产者重新利用的无机化合物,其作用与生产者正相反。在生态系统中分解者的作用是不可磨灭的,动植物的尸体和残体堆积在地球上,如果没有分解作用,物质不能循环,生态系统将会毁灭。分解作用不是一类生物所能完成的,动物的尸体和植物的残体的分解需要经一系列的复杂过程,每个阶段由不同的生物去完成。一般先由腐食性无脊椎动物将尸体肢解,腐生性昆虫正属于这一类,再由一些腐生的真菌和细菌进行分解。

由此可见,生产者、消费者和分解者是生态系统中的生物成分,再加上非生物成分的环境,就是组成生态系统的四大基本成分。

5.1.4 生态系统的类别

生态系统一般为开放系统,是边界开放的系统,允许物质和能量与系统周围环境进行交换。自然生态系统(如森林、草原、海洋、湖泊等)几乎都有来自系统外的物质和能量的不断输入,以及沿着与其相反的方向进行物质和能量的输出。按人类对生态系统的影响可将其分为自然生态系统和人工生态系统。

①自然生态系统。热带雨林、荒漠草原、珊瑚礁等都是典型的自然生态系统。

②人工生态系统。农业生态系统、城市生态系统等。

但是,自然生态系统与人工生态系统之间很难划分界限。因为今日在地球上实难找到一块不受人类活动影响的场所。根据人类影响程度的不同,也可将生态系统分为变更系统和控制系统;按系统所在环境的性质还可分为淡水生态系统、海洋生态系统和陆地生态系统。

5.2 生态系统中的能量流动

生态系统的能流是指能量在生态系统中的流转过程;生态系统的物流是指物质在生态系统中的流动过程。

能流和物流过程是互相联系又互有区别的。能量储存于化学键中,在物质流动和变化过程中,总是伴随能量的流动和变化。物质是可以被反复利用的,能量却只能利用一次,因此,物流是循环的,能流是单向的。

5.2.1 能量来源

能量有多种存在形式,如热能、散发的能量(太阳的电磁辐射或太阳能)、化学能(储藏于化学分子的结合能)、机械能和电能。生态系统所需的绝大部分能量都直接或间接来源于太阳的电磁辐射。若无太阳能的输入,地球上的生命就会中止。太阳辐射的波长范围为 150~1400 nm,即太阳光谱。在距地球 60 km 的高空,太阳辐射的平均能量为 $9.4 \text{ J}/(\text{m}^2 \cdot \text{min})$,该值称为太阳常数。

设太阳在大气圈外的辐射能量为 100%,当通过大气层时,有 25% 被云层反射,10% 被云层吸收,17% 透过云层投射地面,9% 被大气层中的臭氧、水蒸气等吸收,9% 被大气层的尘埃散射,6% 通过尘埃投射地面,还有 24% 太阳能直接投射到地球表面,总共只有 47% 左右辐射量投射于地面,其中又有 4% 因地面反射而消失。太阳辐射穿过植被时,又有大部分被绿色植物所吸收,植物吸收蓝光和红光的能力极强,对近红外线的吸收能力很弱,对远红外线的吸收能力很强。森林在夏季凉爽,是由于大部分可见光和远红外线被上层树叶所吸收。

由于地球各地的降水量和湿度不同,植被也不一样,因此,各地实际接受的辐射量很不同。以热带地区总辐射量最高,北方草原群落只有热带的 40%。决定太阳辐射量的因素包括:

①入射角。热带地区接受垂直辐射最多,由赤道到高纬度地区,太阳辐射的入射角逐渐变小,到达地面的太阳能量随之减少。

②日照时间的季节变化。

③其他因素。地形(平原与山地、阴坡与阳坡有差异)、海拔、天气状况(云天对地面

接收太阳辐射量影响大)、距水体远近等都可以影响太阳辐射量。

此外，人类活动也会影响太阳辐射量，如城市建筑、公路、铁路的发展，使大量原有植被遭受破坏，使地球表面对太阳辐射的反射率增大；森林过度砍伐，可能会形成反射率高的荒漠；化石燃料消耗增加，大气中颗粒物质随之增加，阻碍太阳辐射的穿透，并增加对太阳辐射能的吸收；大气中二氧化碳含量增加，可通过温室效应使气温升高。

5.2.2 生态系统的能流模式

生态系统的一般能流模式如图5-1所示。图中的方框表示营养级，方框的大小表示生物量的大小，而能流管道的粗细表示能流的大小。各营养级的输入和输出应当相等。到达地面的太阳辐射能约有1/2被生态系统中的基础营养级(绿色植物)所吸收，绝大部分变成热而消散。对植物而言，能量大部分用于蒸腾作用，只有一小部分为光合作用所固定形成有机物质，即总初级生产量。生产者(绿色植物)的生产过程所形成的生产力，即初级生产力。

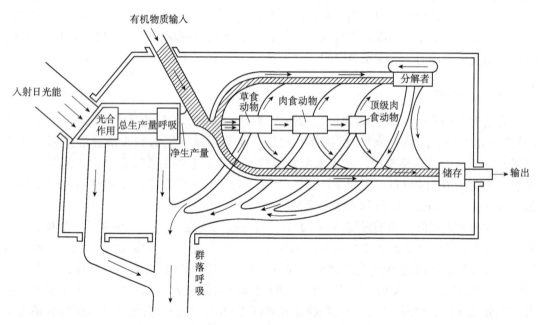

图5-1 生态系统能流模式

生产者以后的营养级具有相似的能流过程。以食草动物为例，它们取食植物，被吃掉的量称为摄食量或消耗量。这些食物大部分被动物同化，未同化的被排出体外，被同化的一部分用于维持消耗(呼吸量)，另一部分即为次级生产量，可供食肉动物的消费。食物链中以后各营养级的能流过程大致相同。由于食草动物、食肉动物及其以后各级的能流过程相近似，一般只使用初级生产和次级生产的概念。次级生产过程包括了第二、三、四营养级(消费动物)的生产过程，也包括分解者的生产过程。这些生产过程所形成的生产力，即次级生产力。

5.2.3 能量和热力学定律

太阳能是生态系统中能量的主要来源。在生态系统的能流过程中，能量以动能和潜能两种形式存在。动能是生物及其环境之间以传导和对流的形式相互传递的一种能量，包括热和辐射；潜能是处于暂时静态的能量，代表一种做功的能力或做功的可能性。太阳能经植物光合作用而转化为潜能，储存在有机物分子键中。生态系统的重要功能之一是能量流动。研究能量流动亦即研究能量形式变换的规律，这在物理学中属于热力学范畴。因此，热力学的两个定律同样适用于生态系统的能流过程。

热力学第一定律——能量守恒定律，即在自然界发生的所有现象中，能量既不能消灭也不能凭空产生，只能以严格的比例由一种形式转变为另一种形式，或从一个系统流到另一个系统。但其总量从不增加或减少。

既然有机体本身不能创造能量，所以它们必须从某些现有的资源中转换而获得能量。植物（或称自养层生物，包括某些细菌或原生动物）吸收太阳能，通过光合作用将电磁能转换为化学能，化学能存储于化学键中，用于合成或分解各种植物组织。食草动物（包括昆虫）可将这些化学能转换为各种机械能（如运动或飞行等），以及它们本身的各种化学能量。第二、三营养级（如捕食性或寄生性天敌）再利用这些化学能转换为它们生长、运动和生殖所需的能量。

热力学第二定律表明，能量从一个形式转换为另一个形式时，能量有持续的损失，从可利用或再利用的形式变为低利用率或不能再利用的形式（热能）。这意味着虽然宇宙中的总能量维持不变，但可利用做功的能量却在宇宙中随时间而减少，也就是说当能量从一种形式转换为另一种形式时，将损失一定的可利用形式的能量。在表 5-1 中，10 000 g/m^2 的牧草生产者被蟋蟀取食和利用后只能生成 1000 g/m^2 的蟋蟀生物量，青蛙取食蟋蟀而生长、发育，可生成 100 g/m^2 的蛙生物量，苍鹭再取食青蛙，可生成 10 g/m^2 的生物量。

表 5-1 不同营养层的能量转换

不同营养层	生物量(g/m^2)	不同营养层	生物量(g/m^2)
牧草（生产者）	10 000	青蛙（第二消费者）	100
蟋蟀（第一消费者）	1000	苍鹭（第三消费者）	10

Lindeman（1942）在研究水生生态后提出了 1/10 定律，他认为当营养阶层每升一级时要损失可利用能的 90%，而只有 10% 被利用。生态系统中的能流正是遵循着热力学的生产力。我们可以从能流的输入和输出情况来估测其生产力。

5.3 生态系统中的信息传递

生态系统具有信息传递的功能，系统中有机体之间的信息传递是多种多样的。信息可将生物种内、种间的一切活动紧密地联系起来，甚至形成一个整体。按照信息的属性和作用，可将信息划分为物理信息、化学信息、营养信息和行为信息。

生态系统中的信息传递形成一个信息流。研究信息流对探求种内、种间关系具有重要意义。

(1) 物理信息

生物与环境之间、生物与生物之间以及同种生物之间复杂的趋、避、聚、散关系，可能由于它们的形状、颜色、声音、光波、热度等物理现象作为信息产生。例如，寄生稻纵卷叶螟幼虫的赤带扁股小蜂(*Elasmus cnaphalorocis*)，总是先寻找水稻卷叶，再找卷叶里的害虫产卵。茧蜂(*Coeloides brunner*)是黄杉大小蠹(*Dendroctonus pseudotsugae*)幼虫的寄生蜂，它的触角上有灵敏的感热器，对小蠹幼虫发出的红外线很敏感，能探测小蠹幼虫钻蛀木材时发出的、并向树皮表面传导的代谢热。赤眼蜂(*Trichogramma* spp.)在寻找鳞翅目卵作为寄主时，其成虫先在植物叶片上爬行，搜寻叶面上的球形微粒，当碰上水滴、尘粒等物时，都会停下来试探能否产卵。

(2) 化学信息

生物依靠自身代谢产生的化学物质(如酶、生长素、性诱激素等)来传递信息。非洲草原上的豺用尿液划出自己的领地范围。许多动物平常分散居住，在繁殖期依靠雌性动物身上发出的特别气味——性激素聚集到一起繁殖后代。值得一提的是，有些"肉食性"植物也是依靠化学物质传递信息，如生长在我国南方的猪笼草就是利用叶子中脉顶端的"罐子"分泌蜜汁，来引诱昆虫进行捕食的。

通过化学物质传递信息的例子很多。化学信息的内容很广泛，它是生态系统内主要信息来源。生物代谢产生的物质，如酶、维生素、生长素、抗生素、性诱激素等，都属于传递信息的化学物质。虽然该类物质含量极微，却能够深刻地影响生物种内和种间的联系，有的是相互克制，有的是相互促进，有的是相互吸引，有的是相互排斥。近年来这方面的研究促进了化学生态学(Chemical Ecology)的发展。

(3) 营养信息

食物和养分的供应状况也是一种信息。螳螂可捕食40余种害虫，如蝇、蚊、蝗、蛾蝶类及其幼虫和裸露的蛹、蟋蟀等小型昆虫，蝉、飞蝗、螽斯等大型昆虫。可作为蚜虫、大蜡螟、玉米螟、菜粉蝶、土元、黄粉虫等害虫的天敌。天敌昆虫是相对的，当一个地方的天敌昆虫太多的时候，就可能出现成灾的情况。这时就成了害虫了。大自然其实就是处在一个动态的平衡之中，当一个地方的害虫全部消灭后，天敌昆虫也就失去了食物来源，也会紧接着灭绝。

(4) 行为信息

行为信息是动物为了表达识别、威吓、挑战、传递信息等，采用特有的行为动作表达的信息。最常见的就是夏季的蝉鸣。在炎热的夏季，雄蝉通过震动腹部两侧像鼓皮似的听囊和发音膜，发出鸣叫声，吸引异性，而雌蝉是没有发音器的，能被我们听到声音的蝉都是雄蝉。又如蜜蜂可用独特的"舞蹈"动作将食物的位置、路线等信息传递给同伴等。

5.4 生态系统中的物质循环

5.4.1 水循环

水循环是指地球上不同地方上的水，通过吸收太阳的能量，改变状态到地球上另外一个地方,如地面的水分蒸发成为空气中的水蒸气。水在地球的状态包括固态、液态和气态。而地球中的水多数存在于大气层、地面、地底、湖泊、河流及海洋中。水会通过一些物理作用,如蒸发、降水、渗透、表面的流动和地底流动等,由一个地方移动到另一个地方,如水由河川流动至海洋。

5.4.1.1 水循环的主要作用

水是一切生命机体的组成物质,是生命代谢活动所必需的物质,也是人类进行生产活动的重要资源。地球上的水分布在海洋、湖泊、沼泽、河流、冰川、雪山,以及大气、生物体、土壤和地层。水的总量约为 $140×10^8 \ km^3$,其中96.5%在海洋,约覆盖地球总面积的70%。陆地、大气和生物体中的水只占很少的一部分。

水循环的主要作用表现在以下3个方面:①水是所有营养物质的介质,营养物质的循环与水循环不可分割地联系在一起。②水是很好的溶剂,在生态系统中起着能量传递和利用的作用。③水是地质变化的动因之一,一个地方矿质元素的流失或另一个地方矿质元素的沉积,往往通过水循环来完成。

5.4.1.2 水循环的类型

水循环分为海陆间循环(大循环)以及陆地内循环和海上内循环(小循环)。从海洋蒸发出来的水蒸气,被气流带到陆地上空,凝结为雨、雪、雹等落到地面,一部分蒸发返回大气,其余部分成为地面径流或地下径流,最终回归海洋。这种海洋和陆地之间水的往复运动过程,称为水的大循环。仅在局部地区(陆地或海洋)进行的水循环称为水的小循环。环境中水的循环是大、小循环交织在一起的,并在全球范围不停地进行着。

5.4.1.3 水循环的地理意义

水循环的地理意义包括以下5个方面:①在水循环这个庞大的系统中水不断运动、转化,水循环使水资源不断更新(更新在一定程度上决定了水是可再生资源)。②水循环维持全球水的动态平衡。③水循环进行能量交换和物质转移。陆地径流向海洋源源不断地输送泥沙、有机物和盐类;对地表太阳辐射吸收、转化、传输,缓解不同纬度间热量收支不平衡的矛盾,对于气候的调节具有重要意义。④造成侵蚀、搬运、堆积等外力作用,不断塑造地表形态。⑤水循环可以对土壤产生影响。

5.4.1.4 水循环的影响因素

自然因素主要包括气象条件(大气环流、风向、风速、温度、湿度等)和地理条件(地形、地质、土壤、植被等),人为因素对水循环也有直接或间接的影响。

(1) 空气污染和降水

人类生产和消费活动排出的污染物通过不同的途径进入水循环。矿物燃料燃烧产生并排入大气的二氧化硫和氮氧化物,进入水循环形成酸雨,从而把大气污染转变为地面水和土壤的污染。大气中的颗粒物也可通过降水等过程返回地面。土壤和固体废物受降水的冲洗、淋溶等作用,其中的有害物质通过径流、渗透等途径参与水循环而迁移扩散。人类排放的工业废水和生活污水,使地表水或地下水受到污染,最终使海洋受到污染。

水在循环过程中,沿途挟带的各种有害物质可由于水的稀释扩散降低浓度而无害化,这是水的自净作用;但也可能由于水的流动交换而迁移,造成其他地区或更大范围的污染。

(2) 水域污染和河湖淤塞

环境中许多物质的交换和运动依靠水循环来实现。陆地上每年有 36×10^{12} m³ 的水流入海洋，这些水把约 36×10^{8} t 的可溶解性物质带入海洋。人类活动不断改变自然环境，越来越强烈地影响水循环的过程。人类构筑水库，开凿运河、渠道、河网，以及大量开发利用地下水等，改变了水原来径流路线，引起水的分布和水的运动状况的变化。农业的发展，森林的破坏，引起蒸发、径流、下渗等过程的变化。城市和工矿区的大气污染和"热岛"效应也可改变本地区的水循环状况。

(3) 过度利用地下水

目前，在人口密集的城市或工厂密集的工业区，过多抽取地下水，许多地区的地下水水平已经明显下降，严重的可引起地面的下沉，土壤下沉的速度可达 15~30 cm/年。这种情况若在城市发生，对高层建筑的地基威胁很大；在沿海地区可能引起火灾、海水倒灌或淡水咸化。

(4) 水的再分布

人类在各处修筑水渠，将多水区的水引入缺水区，修筑水库和水坝，储存水以供旱季利用；河口湾和江河下游水量减少，海水倒流，使江河生物群落发生变化影响渔业收入；库区泥沙淤积，年久失去水库作用。

5.4.2 气体型循环

气体型循环是指物质以气体形态在系统内部或者系统之间循环，如植物吸收二氧化碳释放氧气，动物吸收氧气释放二氧化碳，这类循环周期短。在气体型循环中，物质的主要储存库是大气和海洋，其循环与大气和海洋密切相连，具有明显的全球性，循环性能最为完善。凡属于气体型循环的物质，其分子或某些化合物常以气体形式参与循环过程，属于这类的物质有氧、二氧化碳、氮、氯、溴和氟等。

5.4.2.1 碳循环

地球上最大的两个碳库是岩石圈和化石燃料，含碳量约占地球上碳总量的 99.9%。这两个库中的碳活动缓慢，实际上起着储存库的作用。地球上还有 3 个碳库：大气圈库、水圈库和生物库。这 3 个库中的碳在生物与无机环境之间迅速交换，容量小而活跃，实际上起着交换库的作用。

碳在岩石圈中主要以碳酸盐的形式存在，总量为 2.7×10^{16} t；在大气圈中主要以二氧化碳和一氧化碳的形式存在，总量有 2×10^{12} t；在水圈中以多种形式存在；在生物库中则存在着几百种被生物合成的有机物。这些物质的存在形式受到各种因素的调节。

在大气中，二氧化碳是含碳的主要气体，也是碳参与物质循环的主要形式。在生物库中，森林是碳的主要吸收者，它固定的碳相当于其他植被类型的 2 倍。森林又是生物库中碳的主要储存者，储存量大约为 4.82×10^{11} t，相当于大气含碳量的 2/3。

植物、可光合作用的微生物通过光合作用从大气中吸收碳的速率，与通过生物的呼吸作用将碳释放到大气中的速率大体相等，因此，大气中二氧化碳的含量在受到人类活动干扰以前是相对稳定的。

5.4.2.2 氮循环

氮循环是描述自然界中氮单质和含氮化合物之间相互转换过程的物质循环,是生物圈内基本的物质循环之一。构成陆地生态系统氮循环的主要环节是:生物体内有机氮的合成、氨化作用、硝化作用、反硝化作用和固氮作用。如大气中的氮经微生物等作用而进入土壤,为动植物所利用,最终又在微生物的参与下返回大气,如此反复循环。植物吸收土壤中的铵盐和硝酸盐,进而将这些无机氮同化为植物体内的蛋白质等有机氮;动物直接或间接以植物为食物,将植物体内的有机氮同化为动物体内的有机氮,这一过程为生物体内有机氮的合成。动植物的遗体、排出物和残落物中的有机氮被微生物分解后形成氨,这一过程称作氨化作用。在有氧条件下,土壤中的氨或铵盐在硝化细菌的作用下最终氧化成硝酸盐,这一过程称作硝化作用。氨化作用和硝化作用产生的无机氮,都能被植物吸收利用。在氧气不足的条件下,土壤中的硝酸盐被反硝化细菌等多种微生物还原成亚硝酸盐,并且进一步还原成分子态氮,分子态氮则返回到大气中,这一过程称作反硝化作用。由此可见,由于微生物的活动,土壤已成为氮循环中最活跃的区域。

人为的固氮作用即化学氮肥的生产和应用,如大规模种植豆科植物等有生物固氮能力的作物以及燃烧矿物燃料生成一氧化氮和二氧化氮。人为的固氮量是很大的,占全球年总固氮量的20%~30%。随着世界人口的增多,这一比例还将会继续上升。

农田大量施用氮肥,使排入大气的一氧化二氮不断增多。在没有人为干预的自然条件下,反硝化作用产生并排入大气的氮气和一氧化二氮,与生物固氮作用吸收的氮气和平流层中被破坏的一氧化二氮是相平衡的。一氧化二氮是一种惰性气体,在大气中可存留数年之久。它进入平流层大气中以后,会消耗其中的臭氧,从而增加到达地面的紫外线辐射量。施用氮肥的农田排出的地面径流,城市和农村的生活污水都把大量的氮排入河流、湖泊和海洋,常常造成这些水体的富营养化现象。

矿物燃料燃烧时,空气和燃料中的氮在高温下与氧反应而生成氮氧化物(一氧化氮和二氧化氮)。大气受到氮氧化物的污染,是形成光化学烟雾和酸雨的一个重要原因。

5.4.3 沉淀型循环

5.4.3.1 磷循环

磷灰石构成了磷的巨大储备库,而含磷灰石岩石的风化,又将大量磷酸盐转交给了陆地上的生态系统。与水循环同时发生的则是大量磷酸盐被淋洗并被带入海洋。在海洋中,它们使近海岸水中的磷含量升高,并供给浮游生物及其消费者。

进入食物链的磷将随该食物链上死亡的生物尸体沉入海洋深处,其中一部分将沉积在不深的泥沙中,将被海洋生态系统重新取回利用;另一部分是埋藏于深处沉积岩中的磷酸盐,其中有很大一部分将凝结成磷酸盐结核,保存在深水之中,一些磷酸盐还可能与二氧化硅凝结在一起而转变成硅藻的结皮沉积层,这些沉积层组成了巨大的磷酸盐矿床。

(1) 基本过程

自然界磷循环的基本过程是:岩石和土壤中的磷酸盐由于风化和淋溶作用进入河流,然后输入海洋并沉积于海底,直到地质活动使它们暴露于水面,再次参加循环。这一循环需若干万年才能完成。

在这一循环中，存在两个局部的小循环，即陆地生态系统中的磷循环和水生生态系统中的磷循环。人类开采磷矿石，制造和使用磷肥、农药和洗涤剂，以及排放含磷的工业废水和生活污水，都对自然界的磷循环发生影响。

①陆地生态系统的磷循环。岩石的风化向土壤提供了磷；植物通过根系从土壤中吸收磷酸盐；动物以植物为食物而得到磷；动、植物死亡后，残体分解，磷又回到土壤中。在未受人为干扰的陆地生态系统中，土壤和有机体之间几乎是一个封闭循环系统，磷的损失是很少的。

②水生生态系统的磷循环。陆地生态系统中的磷，有一小部分由于降雨冲洗等作用而进入河流、湖泊中，然后归入海洋。在水生生态系统中，磷首先被藻类和水生植物吸收，然后通过食物链逐级传递。水生动植物死亡后，残体分散，磷又进入循环。进入水体中的磷，有一部分可能直接沉积于深水底泥，从此不参与这一生态循环。另外，人类开展渔业捕捞和鸟类捕食水生生物，使磷回到陆地生态系统的循环中。

(2) 人类活动的干预

人类种植的农作物和牧草，吸收土壤中的磷。在自然经济的农村中，一方面从土地上收获农作物；另一方面把废物和排泄物送回土壤，维持着磷的平衡。但商品经济发展后，不断地把农作物和农牧产品运入城市，城市垃圾和人畜排泄物往往不能返回农田，而是排入河道，输往海洋。这样农田中的磷含量便逐渐减少。为补偿磷的损失，必须向农田施加磷肥。在大量使用含磷洗涤剂后，城市生活污水含有较多的磷，某些工业废水也含有丰富的磷，这些废水排入河流、湖泊或海湾，使水中含磷量增高，这是湖泊发生富营养化和海湾出现赤潮的主要原因。

5.4.3.2 硫循环

硫是生物必需的大量营养元素之一，是蛋白质、酶、维生素 B_1、蒜油、芥子油等物质的构成成分。硫因有氧化和还原两种形态存在而影响生物体内的氧化还原反应过程。硫是可变价态的元素，价态变化范围为 $-2\sim+6$，可形成多种无机和有机硫化合物，并对环境的氧化还原电位和酸碱度带来影响。硫循环是指硫元素在生态系统和环境中运动、转化和往复的过程。

(1) 基本过程

陆地和海洋中的硫通过生物分解、火山爆发等进入大气；大气中的硫通过降水和沉降、表面吸收等作用回到陆地和海洋；地表径流又将硫带入河流，输往海洋，并沉积于海底。在人类开采和利用含硫的矿物燃料和金属矿石的过程中，硫被氧化成二氧化硫或还原成硫化氢进入大气。硫还随着酸性矿水的排放而进入水体或土壤。

(2) 人类活动的干预

人类燃烧含硫矿物燃料和柴草、冶炼含硫矿石释放大量的二氧化硫。石油炼制释放的硫化氢在大气中很快氧化为二氧化硫。这些活动使城市和工矿区的局部大气中二氧化硫浓度大为升高，对人和动植物有伤害作用。二氧化硫在大气中氧化成为 SO_4^{2-}，是形成酸雨的主要原因。

5.5 生态系统的稳定性

生态平衡是现代生物学理论发展提出的新概念。生态平衡是指在一定时间内生态系统中的生物和环境之间、生物各个种群之间，通过能量流动、物质循环和信息传递，使它们相互之间达到高度适应、协调和统一的状态。也就是说，当生态系统处于平衡状态时，系统内各组成成分之间保持一定的比例关系，能量、物质的输入与输出在较长时间内趋于相等，结构和功能处于相对稳定状态；在受到外来干扰时，能通过自我调节恢复到初始的稳定状态。在生态系统内部，生产者、消费者、分解者和非生物环境之间，在一定时间内保持能量与物质输入、输出的动态相对稳定状态。

5.5.1 生态系统的相对稳定

当生态系统处于相对稳定状态时，生物之间、生物与环境之间出现高度的相互适应，种群结构与数量比例持久地没有明显的变动，生产与消费和分解之间，即能量和物质的输入与输出之间接近平衡，以及结构与功能之间相互适应并获得最优的协调关系，这种状态称作生态平衡或自然界的平衡，当然这种平衡是动态的。

(1) 相对平衡

生态平衡是一种相对平衡而不是绝对平衡，因为任何生态系统都不是孤立的，都会与外界发生直接或间接的联系，会经常遭到外界的干扰。生态系统对外界的干扰和压力具有一定的弹性，但其自我调节能力也是有限度的。如果外界干扰或压力在其所能忍受的范围之内，当这种干扰或压力去除后，它可以通过自我调节能力而恢复；如果外界干扰或压力超过了它所能承受的极限，其自我调节能力也就遭到了破坏，生态系统就会衰退，甚至崩溃。通常把生态系统所能承受压力的极限称为"阈限"。例如，草原应有合理的载畜量，超过了最大适宜载畜量，草原就会退化；森林应有合理的采伐量，采伐量超过生长量，必然引起森林的衰退；污染物的排放量不能超过环境的自净能力，否则就会造成环境污染，危及生物的正常生活甚至死亡等。

(2) 动态平衡

生态平衡是一种动态的平衡而不是静态的平衡，这是因为变化是宇宙间一切事物的最根本的属性，生态系统这个自然界复杂的实体也处在不断变化之中。例如，生态系统中的生物与生物、生物与环境以及环境各因子之间，不停地进行着能量的流动与物质的循环；生态系统在不断地发展和进化；生物量由少到多、食物链由简单到复杂、群落由一种类型演替为另一种类型等；环境也处在不断的变化中。因此，生态平衡不是静止的，总会因系统中某一部分先发生改变，引起不平衡，然后依靠生态系统的自我调节能力使其又进入新的平衡状态。生态平衡是动态的，维护生态平衡不只是保持其原初稳定状态。生态系统可以在人为有益的影响下建立新的平衡，达到更合理的结构、更高效的功能和更好的生态效益。正是这种从平衡到不平衡到又建立新的平衡的反复过程，推动了生态系统整体和各组成部分的发展与进化。

5.5.2 影响生态系统稳定的因素

破坏生态平衡的因素包括自然因素和人为因素。自然因素如水灾、旱灾、地震、台风、山崩、海啸等。由自然因素引起的生态平衡破坏称为第一环境问题，由人为因素引起的生态平衡破坏称为第二环境问题。人为因素是造成生态平衡失调的主要原因，它主要会产生以下几种后果。

(1) 改变环境因素

例如，人类的生产和生活活动产生大量的废气、废水、垃圾等，不断排放到环境中；人类对自然资源的不合理利用或掠夺性利用，如盲目开荒、滥砍森林、水面过围、草原超载等，都会使环境质量恶化，产生近期或远期效应，使生态平衡失调。

(2) 改变生物种类

在生态系统中，盲目增加一个物种，有可能使生态平衡遭受破坏。例如，美国于1929年开凿的韦兰运河把内陆水系与海洋沟通，导致八目鳗进入内陆水系，使鳟鱼年产量由 2000×10^4 kg 减至 50×10^4 kg，严重破坏了内陆水产资源。在一个生态系统中，减少一个物种有时也可能使生态平衡遭到破坏。20世纪50年代，我国曾大量捕杀麻雀，致使一些地区虫害发生严重。究其原因，就在于害虫的天敌麻雀被捕杀，害虫失去了自然抑制因素所致。

(3) 破坏生物信息系统

生物与生物之间彼此通过信息联系才能保持其集群性和正常的繁衍。人为地向环境中施放某种物质，干扰或破坏了生物间的信息联系，有可能使生态平衡失调或破坏。例如，自然界中许多昆虫的雌虫靠释放性外激素引诱同种雄性成虫交尾，如果人们向大气排放的污染物能与之发生化学反应，则雌虫的性外激素就失去了引诱雄虫的生理活性，结果势必影响昆虫交尾和繁殖，最后导致种群数量下降甚至消失。

5.5.3 生态系统稳定的意义

生态系统一旦失去平衡，会导致非常严重的连锁性后果。例如，20世纪50年代，我国曾发起把麻雀作为"四害"来消灭的运动。可是在大量捕杀了麻雀之后的几年里，却出现了严重的虫灾，使农业生产受到巨大的损失。后来科学家们发现，麻雀是吃害虫的好手。消灭了麻雀，害虫没有了天敌，就大肆繁殖起来，导致虫灾发生、农田绝收一系列惨痛的后果。生态系统的平衡往往是大自然经过了很长时间才建立起来的动态平衡，一旦受到破坏就无法重建了，带来的恶果可能是人类的努力无法弥补的。因此人类要尊重生态平衡，绝不轻易干预大自然。

生态平衡最明显的表现就是系统中的物种数量和种群规模相对平稳。当然，生态平衡是一种动态平衡，即它的各项指标，如生产量、生物的种类和数量，都不是固定在某一水平，而是在某个范围内来回变化，这同时也表明生态系统具有自我调节和维持平衡状态的能力。当生态系统的某个要素出现功能异常时，其产生的影响就会被系统作出的调节所抵消。生态系统的能量和物质循环以多种渠道进行着，如果某一渠道受阻，其他渠道就会发挥补偿作用。例如，对污染物的入侵，生态系统表现一定的自净能力，也是系统调节的结果。生态系统的结构越复杂，能量和物质循环的途径越多，其调节能力或者说抵抗外力影响的能力就越强；反之，结构越简单，生态系统维持平衡的能力就越弱。

一个生态系统的调节能力是有限度的，外力的影响超出这个限度，生态平衡就会遭到破坏，生态系统就会在短时间内发生结构上的变化。例如，一些物种的种群规模发生剧烈变化，另一些物种则可能消失，也可能产生新的物种。但变化总的结果往往是不利的，它削弱了生态系统的调节能力。

这种超限度的影响对生态系统造成的破坏是长远性的，生态系统重新回到与原来相当的状态往往需要很长的时间，甚至造成不可逆转的改变，这就是生态平衡的破坏。作为生物圈一分子的人类，对生态环境的影响目前已经超过自然力量，而且主要是负面影响，成为破坏生态平衡的主要因素。

第6章

昆虫对全球气候变化的响应

6.1 全球气候变化与昆虫

全球气候变化是由于气候系统内部的变化及外部因子(自然的与人为的)共同作用的结果。全球气候变化产生的原因在于温室气体的释放,温室气体改变了大气的组成,驱使全球的气候变暖。

(1)二氧化碳体积分数增加

据报道,1700年二氧化碳的体积分数为 27×10^{-5}, 1900年为 29×10^{-5}, 1980年为 33.8×10^{-5}, 1993年为 35.5×10^{-5}, 1998年为 36.7×10^{-5}, 2005年达 37.9×10^{-5}, 预计在21世纪末,二氧化碳体积分数将加倍,即增加到 75×10^{-5} 左右(IPCC, 2007)。1988年,联合国建立了政府间气候变化专门委员会(IPCC)。

(2)温度的升高

2007年2月2日,IPCC发布的第四次评估报告第一工作组报告《决策者摘要》表明,过去100年(1906—2005年)中,全球平均地表气温升高了0.74℃;过去50年全球平均气温是过去500年和1300年中的最高值;21世纪末全球平均地表气温可能升高1.1~6.4℃。近50年来,我国平均气温上升了0.4~0.5℃,其中华北和东北每10年上升0.4~0.8℃;在未来的50~80年,全国平均温度很可能会升高2~3℃。

由于昆虫是生物多样性的重要组成成分,害虫又是影响农业生产的重要因子,尤其昆虫个体小、世代短、繁殖率高,所以国际社会非常重视昆虫对温室气体(二氧化碳、臭氧)变化和对温度、干旱、气候异常的响应研究,由此可在理论上阐明生物对全球气候变化响应的一般规律,揭示"作物—害虫—天敌"对全球气候变化响应的机制;在实践上预测未来害虫发生的趋势,发展害虫防治的新技术。

6.2 昆虫对全球变暖的响应

(1)昆虫的生长发育速率加快

温度是影响昆虫的关键气象因子,外界温度的变化直接影响昆虫新陈代谢速率的高低，从而对昆虫的生长发育、生存繁殖、行为活动等产生十分重要的直接作用。在一定温度范围内，温度升高可以加强昆虫酶和激素的活性，加快其体内生化进程，表现为发育速率加快；超过或低于有效温度范围，则结果相反。因此温度是昆虫发生量、发生期预报预测的重要因子。

根据有效积温法则 $N(T-C)=K$，在一定温度范围内，随着大气温度的增加，昆虫的生长发育速率加快，发生的世代次数增加。未来全球气温变暖，将会提高昆虫的生长发育速率，越冬界线将向北移动，为害将加重。但害虫向北扩展的速度将受到害虫所依赖的寄主作物向北迁移速度的限制。

(2) 昆虫的发育与活动提前

气候变暖会加快昆虫的生长发育，导致昆虫发生期提前。全球变暖改变生物的生长节奏。温度是决定昆虫生长发育速率最重要的因子，气候变暖能加快昆虫各虫态的发育，导致其首次出现期、迁飞期及种群高峰期提前。欧洲的科学家率先以蝴蝶、蚜虫、蜻蜓、蜜蜂等常见且在农业生产或生物多样性保护中重要的昆虫种类为对象，开展了气候变暖对昆虫发生期影响的研究。欧洲蝴蝶监测计划 BMS（Butterfly Monitoring Schemes）鉴于蝴蝶对温度变化的敏感性，将蝴蝶作为研究气候变化对动物区系影响的指示物种开展研究。由于春季温度升高，西班牙地中海盆地西北部最常见蝴蝶中有 17 种蝴蝶首次出现时间提前，小赭弄蝶、琉璃灰蝶等 5 种蝴蝶首次出现期提前了 7~49 d，暗脉菜粉蝶等 8 种蝴蝶种群高峰期提前了 17~35 d。

(3) 昆虫分布区发生变化

气候变暖拓宽了昆虫的适生区域，导致昆虫地理分布扩大。温度是限制昆虫在地球上分布的主要因子之一，以温度升高为标志的气候变暖必然对昆虫的地理分布产生重要影响。昆虫地理分布的变化意味着当地主要害虫的种类组成和群落结构发生根本变化，害虫的防治技术体系也应进行调整。因此，气候变暖对昆虫地理分布的影响成为该方向研究报道最多的热点，大量的研究集中在气候变暖导致昆虫向周边分布地区的入侵定殖和地理分布范围的拓展上。科学研究表明，为适应全球变暖，生物通过迁移、扩散等方式，向高海拔和高纬度地区分布。

(4) 改变了原有的种间关系

各种生物对温度的升高反应不同。温带的气温升高有利于害虫越冬；在北半球高纬度地区，夏季的延长增加了昆虫生长和繁殖的有效积温。

全球变暖已经证明能打破现有的种间营养关系，从而导致生物多样性丧失。例如，温度上升会导致动植物物候的改变，使动植物的出现在时间上发生错位；温度上升会增大病虫害发生可能性，导致一些物种种群密度急剧下降。但是，温度上升导致的物候错位和动植物多度的改变，也可能形成新的营养关系。例如，刘银占等（2011）通过对美丽龙胆、一种夜蛾科昆虫的幼虫及其食物条叶银莲花的物候和多度调查发现，模拟增温推迟了夜蛾幼虫的出现时间，却使其食物物种的枯黄时间提前，从而导致两者间的食物关系破裂；但此时美丽龙胆因为模拟增温，开花物候提前，与夜蛾幼虫出现的时间恰好吻合。因此，昆虫与美丽龙胆（花）间形成了新的营养关系，显著降低了龙胆的种子产量。该研究表明，全球变暖还可能通过新生营养关系来改变群落组成和物种多样性。

(5) 导致害虫暴发的频率和强度增加

由于全球气候变暖直接影响植食者的发育和存活，影响植物防御的生理变化，影响天敌、互利者和竞争者数量的变化等间接作用，导致害虫暴发的频率和强度增加。

美国西部云杉色卷蛾及舞毒蛾随气候变化而暴发及分布的变化表明，仅仅增加温度时，西部云杉色卷蛾造成落叶区域比常规条件下有所减少，而舞毒蛾造成的落叶区稍有增加；温度和降水都增加时，两种害虫的危害区域都有所增加；相反，在温度增加而降水减少时，两种害虫危害区域都有所减少。

(6) 导致物种灭绝

在世界上已知的5743种两栖动物（包括蛙类、蝾螈类和蚓螈类）中，接近1/2的种类数量正在下降，有1/3的物种面临灭绝危险，栖居地的减少、污染以及气候变化都是造成两栖动物种类和数量减少的原因。根据对1103种陆地植物和动物的估算，到2050年，将有15%~37%的物种灭绝。

气候变暖影响昆虫发育繁殖，导致昆虫种群数量发生变化。气候变暖对昆虫的发育速率、生殖力和存活率等种群数量构成的关键因子产生重大影响，导致昆虫种群数量发生变化。某些低温适生种的种群逐渐萎缩，种群密度下降。例如，英国豹灯蛾7~8月各站点累积诱捕量的平均值在1983年之前为4.2头，随着1968—1998年春季温度逐年升高，这个数值在1984年后下降了28%，仅为3头，气候变暖使英国豹灯蛾种群密度逐渐缩小。又如英国南部9种麦蚜的种群动态预测表明，由于夏季温度升高，麦蚜种群密度急剧减少。气候变暖还会使高温适生昆虫的种群密度增加。意大利北部Modena近15年的冬季均温都超过5℃，茶色缘蝽的越冬存活率升高，春季温度升高又导致越冬代成虫生殖力增强，促进了其种群密度增加。

(7) 影响动物进化

通过研究基因变化与气温升高之间的关系发现，全球变暖正在对一些动物的进化产生影响。随着平均气温的升高，春秋两季变得更加温暖，这两个季节的持续时间也在增加，那些能在基因上适应这种变化的动物可以获得明显的优势，它们的进化道路也会因此而变化。科学家已经在松鼠、鸟类和昆虫身上发现一些可遗传的基因的变化，以适应正在变得越来越热的世界。

6.3 大气二氧化碳浓度升高对昆虫的影响

6.3.1 大气二氧化碳浓度升高对昆虫的作用原理

大气二氧化碳浓度升高对昆虫的影响可分为直接影响和间接影响。直接影响表现为通过高浓度二氧化碳对昆虫的呼吸代谢和体内某些生理活动产生影响，但在试验设定的范围内（一般为55×10^{-5}~75×10^{-5}），大气二氧化碳浓度变化对昆虫的影响甚微。因此，大气二氧化碳浓度变化对昆虫的影响主要是通过影响寄主植物而间接作用于昆虫。

大量研究表明，大气二氧化碳浓度升高将改变寄主植物组织中化学成分的组成和含量。大气二氧化碳浓度升高有利于提高寄主植物的碳水化合物含量，同时，降低寄主植物的含氮量。Bezemer et al. (1998) 通过综合分析以前的研究发现，二氧化碳浓度升高使33

种供试植物中的 29 种含氮量降低，平均下降幅度达 15%；20 种供试植物中有 17 种碳水化合物含量升高，平均升高幅度达 47%。大气二氧化碳浓度升高还影响寄主植物次生代谢物质的含量，在 15 种供试植物中有 13 种酚类物质含量升高，平均升高幅度为 31%，其中 1 种植物的萜烯类物质含量升高幅度达 42%。研究表明，大气二氧化碳浓度升高将增加棉花中棉酚的含量。此外，二氧化碳浓度升高还将诱导植物体内抗性，增加 21%~25%的单宁含量；减少了组织内 Bt 毒素的表达，降低 Bt 毒素对害虫的抗性。这些营养成分和化学组成通过食物链间接作用于植食性害虫和天敌，其作用机理主要包括营养补偿假说、毒素假说、碳氮营养平衡假说。

6.3.2 大气二氧化碳浓度升高对植食性昆虫的影响

(1) 大气二氧化碳浓度升高对植食性昆虫的作用类型

不同食性昆虫对大气二氧化碳浓度升高的响应不同。Bezemer et al.（1998）按照取食习性将昆虫分为 6 大类：咀嚼性食叶昆虫、潜叶性昆虫、取食韧皮部昆虫、取食木质部昆虫、取食全细胞昆虫和食籽昆虫。其中，研究最多的是咀嚼性昆虫。该类昆虫主要通过增加取食以补偿高二氧化碳浓度下寄主植物的含氮量降低所造成的营养下降，但其蛹重、幼虫存活率及对氮的利用率等通常不受影响。潜叶性昆虫在高二氧化碳浓度下，虽然没有出现增加取食的现象，但蛹重减轻、发育时间缩短。取食木质部的半翅目害虫沫蝉在高二氧化碳浓度下，若虫的存活率降低 20%以上，生长发育延迟，但繁殖不受影响。这 3 类昆虫在种群水平上都表现下降的特征。

(2) 影响昆虫对大气二氧化碳浓度变化响应的因素

大量研究表明，取食韧皮部昆虫种群随二氧化碳浓度的增加而增加，但不同种类的取食韧皮部昆虫（主要是蚜虫）对二氧化碳浓度升高的反应不同。据 Mondor et al.（2010）报道，麦蚜在高浓度二氧化碳下，产卵期提前，繁殖力显著提高。

目前，有关二氧化碳浓度变化对取食全细胞昆虫和食籽昆虫影响的研究报告较少。据估计，取食全细胞昆虫种群随二氧化碳浓度升高而上升，而食籽昆虫种群不受二氧化碳浓度变化的影响。

即使是同一种昆虫，不同的龄期对二氧化碳浓度变化的响应也不同。一般来说，低龄幼虫的生长发育比老熟幼虫的反应更敏感。但 Williams et al.（1998）研究发现，舞毒蛾老熟幼虫的生长发育比取食对二氧化碳浓度升高的反应更敏感。

不同世代昆虫对二氧化碳浓度变化的响应不同。Brooks et al.（2000）研究 3 个连续世代的叶甲对高浓度二氧化碳的反应时发现，第 2 代雌蛾的产卵量比第 1 代减少 30%，卵重降低 15%。

大气二氧化碳浓度升高还影响植食性害虫的寄主选择行为。Mondor et al.（2010）利用嗅觉仪研究了麦长管蚜的寄主选择行为，发现该害虫有趋向于选择高浓度二氧化碳环境中生长的小麦的现象。陈法军等也发现，麦蚜有趋向于在高浓度二氧化碳环境中生长的小麦上产卵的习性。

6.3.3 大气二氧化碳浓度升高对天敌昆虫的影响

大气二氧化碳浓度升高还通过食物链对天敌昆虫产生影响。一方面，由于高二氧化碳浓度下，害虫的生长发育缓慢，被天敌捕食和寄生的可能性增加；另一方面，由于高二氧化碳浓度下害虫体内营养成分下降，导致天敌昆虫生长发育缓慢。

研究表明，大气二氧化碳浓度升高有利于天敌的捕食和寄生作用，如 Stiling et al. (2008) 发现白桦树上潜叶虫的寄生率增加。也有研究表明，大气二氧化碳浓度升高对异色瓢虫的生长发育和选择捕食猎物有利。其中，异色瓢虫在高二氧化碳浓度处理后棉花和春小麦上的选择捕食量显著增加；捕食苗期转 Bt 棉上棉蚜的瓢虫的发育历期显著缩短；而大气二氧化碳浓度升高对捕食伏蚜期转 Bt 棉和常规棉上棉蚜的异色瓢虫生长发育的促进作用不显著。但大气二氧化碳浓度升高并没有显著影响寄生性天敌对舞毒蛾的寄生作用。Salt et al. (2000) 研究也认为，大气二氧化碳浓度增加并不能影响捕食性天敌昆虫的捕食作用。可见，由于随着食物链的延长，大气二氧化碳浓度升高对"植物–害虫–天敌"关系的影响变得越来越复杂，有关这方面研究报告仍然较少。

6.3.4 大气二氧化碳浓度升高对植物–昆虫互作的影响

大气二氧化碳浓度的增加使植食性昆虫个体取食更多的植物组织以补偿其对含氮物质的需要。据报道，咀嚼性昆虫在大气二氧化碳浓度升高条件下，将通过增加 30% 的取食量以补偿其对寄主植物的含氮量的需求；潜叶性昆虫将增加 11% 的危害量，但这并不一定意味着害虫的危害加重。因为一方面，大气二氧化碳浓度增加将改变寄主植物组织中化学成分组成和含量，对昆虫个体生长发育不利，增加了被天敌捕食和寄生的可能性，植食性昆虫种群数量下降；另一方面，大气二氧化碳浓度升高将提高寄主植物光合作用，增加产量，在一定程度上补偿害虫的危害量。

Stiling et al. (2008) 发现在高二氧化碳浓度下，尽管白桦树上的害虫密度减小、危害程度减轻，但白桦树的自然落叶却增加了，即二氧化碳浓度对白桦树的自然落叶量直接作用超过了害虫危害的直接作用。可见，在二氧化碳浓度升高的情况下，害虫对植物作用较为复杂。二氧化碳浓度的增加还改变了种间关系。如萝卜蚜在高二氧化碳浓度下，种群迅速增加，占据甘蓝的大部分叶片，改变了原来的桃蚜（为优势种）与萝卜蚜的种间竞争格局。此外，在高二氧化碳浓度下，植物诱导抗性增加，加强了对害虫的控制作用；植物体内挥发性物质产生变化、影响了天敌寻找寄主昆虫的行为、一些蚜虫对蚜虫报警信息素变得不敏感、改变了原有的昆虫之间的化学通信联系。目前这些方面的研究报道较少，将是今后研究的重点。

6.3.5 大气二氧化碳浓度升高与其他环境因子共同作用对昆虫的影响

(1) 与氮肥的共同作用

使用氮肥在一定程度上可以部分消除大气二氧化碳浓度升高对植物组织中含氮量减少及碳氮比增大的变化对昆虫产生的作用。只有在氮肥有限的条件下，昆虫对二氧化碳浓度升高反应较明显；而在氮肥充足的条件下，昆虫反应较弱。

(2) 与温度的共同作用

二氧化碳是主要的温室气体之一，预计未来的大气环境中二氧化碳浓度将与全球气温同步升高。目前，有关温度与二氧化碳的共同作用对"植物–害虫"关系的影响研究较多。如 Johns et al. (2003) 发现二氧化碳浓度升高和温度升高对潜叶虫的生长发育的负面影响更大，原因在于高温加快了潜叶虫的生长发育速率，但该虫取食高二氧化碳浓度下植物氮含量较低，营养得不到及时满足和保证。William et al. (1998)通过对大气二氧化碳浓度升高和气温升高对舞毒蛾的生长发育的研究发现，大气二氧化碳浓度升高起主要作用，温度的作用较小。而 Hoover et al. (2004)通过模型分析，认为大气二氧化碳浓度升高和气温升高同时影响蚜虫和寄生蜂，使"蚜虫–寄生蜂"的相互关系与目前的二氧化碳浓度的作用机制相似，不会有太大的变化。

温度直接影响昆虫的发育、存活、分布及丰富度，尤其是影响昆虫的越冬存活。已有证据证明，随着全球气候变暖，昆虫有向高纬度、高海拔地区扩散、蔓延之势。此外，在全球变暖的情况下，外来种的入侵可能会对当地脆弱的农业生态系统产生影响，当地作物组成和布局发生变化也会改变当地生态系统对于二氧化碳的吸收和释放能力。这无疑又使二氧化碳浓度变化对农业害虫的影响变得更加复杂。

6.4 研究展望

昆虫作为生态系统中的重要组成，在生态系统结构与功能中起着非常重要的作用。而且昆虫具有生活史短、体型小、易饲养等特点，其中的害虫又是影响农业生产的重要因子，与可持续农业密切相关，因而国际上非常重视大气二氧化碳浓度变化对植物–植食性昆虫系统影响的研究。未来研究发展的趋势表现在：研究方法上，已由控制环境试验研究发展为以开顶式同化箱(OTC)试验为主，部分地区开展了开放式大气二氧化碳浓度升高试验(FACE)；研究内容上，已由个体的生理生态研究发展到以种群生态学研究为主，种间关系和"植物–害虫–天敌"食物链的相互作用成为今后研究的重点，群落生态学研究是未来发展的方向；研究手段上，已由对个体和种群参数的描述性研究发展为应用行为学、生物化学、分子生物学等多学科的定量分析、机理探讨和规律性的总结。未来的研究将集中于以下方面。

(1) 对昆虫影响的长期效应研究

研究表明，有关植食性昆虫对于二氧化碳浓度升高的反应大多是短期试验(如一个龄期或一个世代)，有的还是研究植食性昆虫在离体组织上的取食和发育；而长期的试验以及对在整株植物上危害的研究表明，植食性昆虫对于二氧化碳浓度升高的反应不同，这可能与寄主植物的生长、昆虫种间关系及其所处的环境有关。研究还表明，大气二氧化碳浓度升高使棉蚜随着处理世代的增加发育明显加快，繁殖力增强。因此，大气二氧化碳浓度升高对于昆虫种群的长期影响还存在很大的不可知性。未来的研究更强调大气二氧化碳浓度对昆虫的多世代、长期的影响。

(2) 昆虫的适应性研究

二氧化碳浓度升高是一个长期过程，如二氧化碳浓度从 1700 年的 27×10^{-5} 升至 1998 年的 36.7×10^{-5}，经历了近 300 年的时间。预计到 21 世纪 50 年代，二氧化碳浓度才能加倍，即增加到 7×10^{-4} 左右，也就是说至少需要 50 年的时间。而当前的研究是把植物或昆虫直接置于高的大气二氧化碳浓度(通常为加倍浓度)环境中。已有研究报道，长期处于高浓度二氧化碳环境中的作物，光合能力会下降，即所谓的光合驯化。这种寄主植物对高浓度二氧化碳的驯化作用可能会影响二氧化碳对昆虫的作用。但目前长期在高二氧化碳浓度之下或在二氧化碳浓度逐渐升高下,昆虫对二氧化碳浓度的适应以及昆虫与寄主植物关系的研究报告不多。

研究表明,经过长期的高二氧化碳浓度处理后,植食性昆虫的表型发生了较大的变异,甚至达到了显著水平。那么,植食性昆虫在分子水平上是否会对大气二氧化碳浓度升高作出反应,昆虫是否通过基因表达来调整自身的生理生化过程以适应新的环境变化?由于昆虫(特别是蚜虫)繁殖能力强,一个季度可以繁殖 10~20 个世代,因而可通过 SSR、DDRT-PCR 等分子技术研究大气二氧化碳浓度升高对昆虫适应性的作用机理。

此外,大量的研究都是基于二氧化碳浓度升高(在当前的大气二氧化碳浓度水平上增加 15×10^{-5} ~ 35×10^{-5})的基础上,而低于当前水平的大气二氧化碳浓度对于"植物-昆虫"系统的影响还鲜见报道。

(3) 对特殊类群昆虫(天敌昆虫和土壤昆虫)的研究

大气二氧化碳浓度增加对于植物的影响是直接而明确的,而对于植食性昆虫的影响是间接而又复杂的,昆虫与植物之间的相互作用关系存在明显的种间特异性。

从现有的大气二氧化碳浓度升高对寄主植物研究来看,主要以 C_3 植物对昆虫的影响研究为主,而对 C_4 植物对昆虫的影响研究较少;C_3 和 C_4 植物对昆虫的作用是否存在着差异,目前仍不清楚。从对昆虫的研究报告来看,大都是对鳞翅目和半翅目的昆虫研究,而对其他目昆虫研究较少;根据 Bezemer et al.(1998)按照取食习性将昆虫分成的六大类,至今对咀嚼性昆虫、潜叶性昆虫、取食韧皮部昆虫和取食木质部昆虫研究较多,而对取食全细胞昆虫及食籽昆虫研究较少;对陆地昆虫和地上昆虫研究较多而对地下害虫和水生昆虫研究较少。今后地下害虫和水生昆虫将是研究的重点。

此外,大气二氧化碳浓度升高对于天敌昆虫的影响又是通过植食性昆虫而间接作用于天敌的。因此,随着食物链的延长,植物与昆虫、昆虫与昆虫之间的关系会变得更为复杂。目前,有关大气二氧化碳浓度升高对于天敌昆虫的影响研究仍然不多,规律性的特征发现较少,需要通过大量的实验研究,尤其是长期的实验以明确大气二氧化碳浓度升高对天敌昆虫的影响特征和作用机理。

(4) 寄主选择行为研究

二氧化碳浓度增加将影响害虫和天敌昆虫对寄主的选择行为。研究发现,大气二氧化碳浓度升高将影响棉蚜及其天敌异色瓢虫的寄主选择行为,使其更偏向于取食高二氧化碳浓度饲养的寄主植物(棉花)和昆虫(蚜虫);此外,也影响棉铃虫取食的一系列行为。产生这一现象的原因到底是植物形态结构的变化、体内营养物质的变化还是挥发性物质的变化,目前尚不清楚。

(5) 种间的关系研究

已有的研究表明,二氧化碳浓度升高将改变昆虫种间的竞争关系、种间的通信联系和昆虫与植物关系等,影响昆虫在生态系统中群落的结构和功能。但由于研究条件的限制,以及种间关系的复杂性,目前这方面的研究报告不多,是今后研究的重点之一。

第7章

生态地理分布

7.1 世界陆地昆虫地理区划

在古地质年代大陆漂移分离后，陆地的板块被海洋所隔离，使生物向各自的方向演化，从而产生了能代表这些大陆特点的当地的动植物区系。Wallace(1876)在《动物地理分布》一书中提出了六个基本不同分布区或类群，成为至今仍被广泛接受和公认的世界六大生物地理区。

(1) 古北区

古北区(Palearctic Region)包括欧洲、撒哈拉沙漠以北的非洲、小亚细亚、中东、阿富汗、俄罗斯、蒙古、中国北部、朝鲜、日本。该区大部分是由欧亚大陆的温带陆地组成，从欧洲西部一直延伸到亚洲东部，以大不列颠群岛和日本作为其左右两侧。本区东西部昆虫种类组成颇一致，有23种蝶类为该区所共有。舞毒蛾在整个欧洲一直不间断地向东伸展到俄罗斯远东地区、中国东北部和日本；黄凤蝶发生在大不列颠群岛和整个欧洲，向东到中国、日本，但又不是连续的，每一个孤立群体都构成了一个不同的亚种。

(2) 新北区

新北区(Nearctic Region)包括北美大陆，北自阿拉斯加，南达墨西哥，还包括北美大陆东北方的一些岛屿如格陵兰，但不包括夏威夷。该区气候同古北区相似，昆虫组成上也有若干相似之处。Magiciada属的周期蝉是该区昆虫中最突出的一个类群，共有6种Gryllus属的蟋蟀与古北区的普通大田蟀有亲密的血缘关系；蛾蝶和古北区也有比较密切的亲缘关系，同属的较多，但同种的较少。

(3) 东洋区

东洋区(Oriental Region)是唯一的几乎全部位于热带、亚热带境内的动物地理区系，包括中国中南部、热带亚洲、斯里兰卡、菲律宾以及某些毗连的小岛，东达帝汶的西里伯斯和小巽他群岛，南与澳洲区隔海相邻。喜马拉雅山以及东部和西部延伸部分，形成了古北区和东洋区之间的一条从东到西的屏障。大柏蛾(*Attacus atlas*)是本区一个特有种，体型大，翅径近尺；大蜜蜂(*Megapis dorsata*)也是该地区的典型种，发生在该地区东部的大部分地带。

(4) 非洲区

非洲区(African Region)包括撒哈拉沙漠以南的非洲南部地区，其另外三面被海洋隔开，撒哈拉沙漠形成一条从非洲到古北区的过渡地带。该区与东洋区的亲缘关系密切，其中许多属甚至某些种在两个区是共有的。采采蝇可以作为非洲区的一个象征种。非洲区存在数量和种类均十分丰富的白蚁，它们在非洲的自然生态和人类经济中起着重要的作用。同时，在非洲的纳米比亚沙漠里，发现了某些稀奇古怪的甲虫，其中伪步甲就在200种以上，这些种中的绝大多数在世界上其他地方都没有发现。

(5) 新热带区

新热带区(Neotropical Region)北起墨西哥的北回归线以南，包括中美、南美和西印度群岛，南至玻利维亚、巴拉圭和巴西南部，包含十分丰富而又高度特化的新热带昆虫种类。该地区的蝶类与其他地区均有所不同，有些科如大翅蝶科(Brassolidae)、透翅蝶科(Ithomiidae)、长翅蝶科(Heliconiidae)，几乎整个科的种类均局限在这一区内，许多种类具有奇异色彩和花纹，组成本地区昆虫区系的特殊面貌。新热带雨林中的蚂蚁种类也十分丰富，其中的切叶蚁几乎只局限于这个地区。

(6) 澳洲区

澳洲区(Australian Region)主要由澳洲大陆、塔斯马尼亚及巴布亚新几内亚所组成。该区目前还存在着许多古老类型的动物，如蝙蝠蛾是最原始的蛾类之一，全世界已知约200种，其中该区就有100种。同时，该区还有一些比较特殊的昆虫类群，即岛栖昆虫。

7.2 中国昆虫地理区系

中国昆虫地理区系分别属于世界六大动物地理区系中的古北区(界)和东洋区(界)，两大区分界的东部在我国境内。章士美(1996)在《中国农林昆虫地理分布》中记述了我国已知的农林昆虫(含害虫及益虫)1591种和近似种421种共计2012种的国内分布范围及其在国外的分布概貌。方三阳(1993)在《中国森林害虫生态地理分布》中认为，在秦岭以东大致以淮河为分界线，即位于北纬32°附近，此线以北为古北区，以南为东洋区。古北区在我国部分可再分为东北、华北、蒙新、青藏四区；东洋区分为西南、华中、华南三区。

(1) 东北区

东北区包括大兴安岭、小兴安岭、张广才岭、老爷岭、长白山以及辽河平原等，南面约自北纬41°起。该区为我国最大的林区，也是最大的农业区之一，盛产小麦、大豆、高粱、玉米等，气候寒温而湿润。该区山地昆虫多为耐高寒而以森林栖居的种类，如落叶松毛虫(Dendrolimus superans)、落叶松鞘蛾(Coleophora laricella)、树粉蝶(Apriona cataegi)等。

东北区平原害虫主要属我国喜马拉雅、东北平原种类，东部与日本北海道情况相似，北部有许多西伯利亚成分，西南部有部分中亚细亚成分侵入，主要种类如大豆食心虫(Leguminivora glycinivorella)、苜蓿夜蛾(Heliothis dipsacea)、草地螟(Loxostege stictialis)、东北大黑金龟(Holotrichia diomphalia)等。该区南部亦分布有少数东洋区的广布种，如稻纵卷叶螟(Cnaphlocrocis medinallis)、白背飞虱(Sogotella furciiera)等。

(2) 华北区

华北区北界东起燕山山地、张北台地、吕梁山、六盘山北部，向西至祁连山脉东部，南抵秦岭、淮河，东临黄海、渤海，包括黄土高原、冀北山地及黄淮平原，属暖温带，冬暖夏热。该区是我国历史最悠久的农业区，也是棉、麦、旱粮的主要产区，农业害虫分布普遍，为害严重。代表种有华北蝼蛄(*Gryllotalpa unispina*)、东亚飞蝗(*Locusta migratoria-manilensis*)、苜蓿盲蝽(*Adephocoris lineolatus*)、沟叩头虫(*Pleonomus canadiculatus*)、黑绒金龟(*Maladera orientalis*)、苹小食心虫(*Grapholitha inopinata*)、小麦红吸浆虫(*Sitodiplosis mosellana*)等。

(3) 蒙新区

蒙新区包括内蒙古高原、河西走廊、塔里木盆地、准噶尔盆地和天山山地，在大兴安岭以西，大青山以北，由呼伦贝尔草原直到新疆西陲，东、北、西三面与俄罗斯远东地区及蒙古毗邻，南界则为青藏高原及华北区。该区气候属于半干燥型，东西部差异比较显著，特色是牧草地上蝗虫种类较多。

蒙新区东部的内蒙古、河西走廊一带与华北区北缘的农业害虫种类较接近，西部的新疆则以中亚种占明显优势，许多华北、华中、华南、西南各地常见的重要害虫在该区均未采到，而苹果蠹蛾(*Carpocaspa pomonella*)、谷黏虫(*Leucania zeae*)、普通蝼蛄(*Gryllotalpa gryllotalpa*)、苜蓿籽蜂(*Bruchophagus gibbus*)、麦穗金龟(*Anisoplia* spp.)等，在国内只见于该地区。

(4) 青藏区

青藏区包括青海(除柴达木盆地外)、西藏(除喜马拉雅山脉南坡外)和四川北部，是东由横断山脉北端，南由喜马拉雅山脉，北由昆仑山和祁连山所围绕的青藏高原，海拔在4500m以上。该区气候属于长冬而无夏天的高寒型。

该区昆虫大多属中国喜马拉雅区系的东方种，也有较多中亚细亚成分及地区特有种。蝗虫种类在该区非常丰富，金龟中亦有不少接近于东方区系的特有种，如西藏花金龟(*Hoplia thiberana* Dallatore)、西藏斑金龟(*Potosia thierana* Kr.)、草原毛虫(*Gynaphora alpherakii* Grum-Grech)及近似种常在部分牧区为害成灾。

(5) 西南区

西南区位于我国西南部，包括四川西部、昌都东部，北起青海、甘肃南缘，南抵云南北部。年降水量2000~4000 mm，海拔2300~2500 m。中国昆虫研究者经过多年考察，证实在横空崛起的"地球第三极"青藏高原，一些昆虫类群与非洲昆虫相类似，或有同属的接近种，这进一步说明青藏高原与非洲大陆有着密切关系，原属同一古陆。昆虫专家考察发现，在西藏海拔2500 m的错那山地有一种名为黑纹负蝗的蝗虫，它与分布于西非和中非(如乌干达等)的蝗虫种类相接近。黑纹负蝗虽有翅，但飞行能力有限，绝不可能做长距离迁飞，因此它们的共同祖先来自冈瓦纳古陆，随着印度板块向北漂移，黑纹负蝗的祖先类群也沿北向西藏迁移。

(6) 华南区

华南区包括广东、广西、海南、云南南部、福建东南沿海、台湾及南海各岛，地处热带和亚热带，植被为热带雨林和季雨林。该区昆虫以印度马来亚种占明显优势，其次为古北区东方种中的广布种。印度黄脊蝗（*Patanga sucoincta*）、台湾稻螟（*Chilo auricilia*）、荔蝽（*Tessaratoma papillosa*）、花蝽（*Antestia anchora*）等为该区代表种；白蚁中的堆沙白蚁（*Cryptotermes domesticus* Haviland），国内也只发现于该区。

(7) 华中区

华中区包括四川盆地及长江流域各省，西部北起秦岭，东部为长江中下游包括东南沿海丘陵的半部，南面与华南区相邻。该区气候属于亚热带暖湿型，是我国主要的稻、茶产区。该区农业害虫种类繁多，多数与华南区和西南区相同，但又各有特点，我国喜马拉雅种和印度马来亚种在数量上各有一定比例，而以后者较占优势，极少有西伯利亚成分，绝无中亚细亚成分。三化螟、二化螟、稻纵卷叶螟、褐稻虱、黑尾叶蝉、棉红铃虫、金刚钻、棉铃虫等均为本区稻、棉大害虫。

7.3 影响昆虫地理分布的环境条件

(1) 影响昆虫分布的内在因素

昆虫的飞翔、爬行、游泳等分散能力都是种的遗传特性，在随风、水流及交通工具等向各地扩散时，昆虫本身的扩散能力起重要作用。大气温、湿度、光和气压，以及卵巢未发育前的食料缺乏、种群过密等，均可诱发昆虫的迁移。在亚热带和温带区，春季和秋季温度的差异，常常导致不少昆虫定向迁移。

昆虫的内在迁移、扩散力比其他节肢动物强，但受外界环境因素的影响，尤其是风、水流等对昆虫的分布起重要的作用。

(2) 影响昆虫分布的环境因素

①冰川作用与大陆漂移。在历史年代中，几次冰河及冰河期的演替、陆地的沉没和起升、大陆的漂移等均对全球动物界在种类、数量和分布上产生了巨大的影响，直接割裂了动物在当时的分布，也使昆虫的分布产生了很大的改变。

②地形条件。海洋、沙漠、山脉、大面积不同植被等自然障碍，阻隔了昆虫的传播和蔓延。因此，地理上明显隔离的地方常形成不同的区系，即使是气候条件极其相似，自然条件限制了相互传播，在长期的进化历史过程中，也会形成不同的种类。

③气候条件。温湿度气候条件等是影响昆虫分布的重要因素。如果温湿度不能满足昆虫生长发育的要求，超出了昆虫可能适应的范围，则昆虫在这个地区不能生存。如年有效积温不能满足昆虫发育一个世代（两年或多年发生一个世代的昆虫除外），或者昆虫不能抵受当地的严寒或低温极限，则昆虫不可能分布或仅能作为临时的栖居地。气候对昆虫分布的影响取决于种对气候特征的适应能力，如热带昆虫向亚热带、温带扩散时，常受低温或旱季所限制；而寒带、温带林区生活的种类向南部草原区迁移时，常受到高温的限制。

④生物因素。生物因素是由于植物或其他动物因素所致的对昆虫扩散的限制，如某些狭食性昆虫虽能适应广泛的气候，但因缺乏食物，仅能栖息局部地区。不同地区因气候条件的差异能使植物产生明显的地域性特征，从而也间接影响到昆虫的生长发育或地理分布。同时，种间的生存竞争也是昆虫种分布的限制因素，尤其是在一个新种侵入一个新地

区的初期，常与当地种产生竞争，包括食物、空间和寄生、捕食关系等，结果新侵入种被消灭淘汰或获胜而繁殖起来形成稳定种群。

⑤土壤条件。土壤的形成与成土母岩有关，土壤不但与气候条件、地形条件、植被的生长情况和历史更替都有密切的关系，还会对植物的组成发生影响。因而，土壤不仅对土中生活的昆虫，而且对其他类群的分布及种群密度也发生作用。土壤的酸碱度对昆虫的影响是比较明显的，其显著差异与一些种类的分布有关。

⑥人类活动。昆虫的自然地理分布范围是环境与生物群落相互作用演化的历史产物，具有稳定性，一种昆虫很难借助自然力扩散到新的栖地。随着人类社会活动的日益频繁，昆虫的人为传播可能性更大。人类活动可以帮助昆虫传播和限制有害种类的蔓延，也可形成对昆虫有利或不利的环境条件，还可采用各种措施直接将昆虫消灭。一些危险性害虫通过人为活动传入我国，造成了重大的危害，如松突圆蚧、美国白蛾、椰心叶甲、青杨脊虎天牛等。

(3) 害虫为害区的类型

确定害虫的分布区可以为对比分析害虫造成严重为害的条件、制定可持续控制策略及准确引进天敌提供依据，也是正确确定检疫对象、采取检疫措施的基础。此害虫分布与为害区类型如下(图7-1)。

①分布区。可以发现害虫的所有区域，即该昆虫的原有自然分布区，包括为害区、严重为害区和间歇性为害区。

②为害区。分布区内种群密度大，对农林牧生产及生态环境造成直接损失的地区，包括严重为害区。

③严重为害区。在为害区内种群密度最大，对农林牧生产及生态环境造成严重危害威胁的地区。该地区经常有大量的害虫群体，是向周边地区扩散和蔓延的虫害中心。

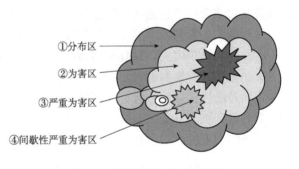

图7-1 害虫分布与为害区类型

④间歇性严重为害区。在为害区内条件适宜的年份种群发生量大、造成的为害重，一般年份发生量少、造成的为害轻的地区。

第 8 章

森林害虫预测预报

8.1 我国森林害虫预测预报概况

8.1.1 森林害虫预测预报的意义和特点

森林害虫预测预报是指森林保护工作人员根据森林害虫发生规律、近期害虫及其天敌发生情况，结合气象预报等资料进行综合分析和判断、估计害虫未来发生发展趋势、及时通报林业部门，使其依照测报信息做好害虫防治工作。森林害虫预测预报具有以下特点。

①种群估计难度大。森林树高林密，冠幅庞大，对害虫进行抽样估计比较困难。

②建立预测模型的过程复杂。森林昆虫群落中的相互关系往往是非线性的，有阈限、饱和点和时滞性，一般包含许多随机性的相互作用，许多过程具有后效性。这导致组建预测模型的过程相当复杂。

③预测预报的时限较长。森林害虫预测预报中的期限有时比农业害虫的预测预报长。

8.1.2 森林害虫监测和预测预报研究主要工作

1980年11月，中国林业科学研究院在福建省厦门市主持召开了松毛虫测报科研经验交流会，着重讨论交流应用生命表方法研究松毛虫种群数量变动规律。

1986年6月，林业部林政保护司在辽宁省兴城县召开了森林病虫害测报工作会议，明确了测报对象并分工制定了测报办法。

1986年，我国成立全国森林病虫害预测预报中心。该中心负责全国森林病虫害业务工作的组织与指导，制定了《森林病虫害预测预报管理办法(草案)》，同时要求各地区开展森林病虫害测报技术与防治指标的研究。这促使了我国森林病虫害测报工作向着规范化、标准化的方向发展。

1989年1月，林业部颁布《春尺蠖预测预报办法》，这是我国首次正式颁布主要森林病虫害预测预报办法，随后又陆续颁布了落叶松毛虫、油松毛虫、赤松毛虫、青杨天牛、杨干象、落叶松鞘蛾、黄斑星天牛、黄脊竹蝗、大袋蛾、泡桐金花虫、榆兰叶甲、美国白蛾等15种病虫害测报办法，加速了我国病虫害测报工作的制度化、标准化和科学化的进程。

1999年，国家林业局制定并实施《国家级森林病虫鼠害中心测报点建议方案》，计划在3年内建成510个国家级中心测报点，届时将初步实现网络化管理和对主要森林病虫害进行动态监测和及时预报。

2002年，国家林业局修订和制定了松材线虫病、美国白蛾、松毛虫、杨树天牛类、湿地松粉蚧、日本松干蚧、松突圆蚧、黄脊竹蝗、杨树舟蛾类、春尺蛾、蜀柏毒蛾、松树钻蛀性害虫、森林害鼠(兔)等13种(类)林业有害生物的监测预报办法。目前，在全国实施监测的有害生物种类达400余种，涵盖了林业有害生物的主要种类。

2005—2007年，国家通过实施以加强基础设施建设为主要内容的"全国林业有害生物预防工程"，使监测预报的地面数据采集系统、信息传输处理系统进一步得到完善，大大提高了我国监测预报工作水平。

2012年，国家林业局发布了国家级森林病虫害中心测报点管理办法，为森林病虫害防治决策提供科学依据。

2018年国家林业和草原局制定印发《国家级林业有害生物中心测报点管理规定》，共五章二十二条，自2018年10月1日起执行，有效期至2023年9月30日。

8.1.3 森林害虫监测和预测预报研究工作进展

我国森林害虫预测预报研究工作经历过下列几个时期。

①20世纪50年代，通过森林害虫发生地数量调查，确定是否需要防治，重点是松毛虫和竹蝗。

②20世纪70年代，通过林地路线踏查进行虫情调查，采用有效基数等方法进行测报。

③20世纪80年代，通过林地定位观察的系统调查，采用数理统计测报、生命表研制、性诱等综合测报方法对森林害虫种群数量消长趋势做出判断。

④20世纪90年代至今，新技术的推广与应用成为研究重点，如计算机、航空和航天遥感技术的应用。

随着测报工作的深入开展，特别是科学技术的进步，测报工作由一般性常规测报向综合性的系统测报方向发展，由定性向定量方向发展，由静态的虫情调查向动态的、连续的、种群结构变动测报的方向发展，由单一的害虫测报向森林生态系统分析的方向发展。

近年来，我国森林害虫监测和预测预报研究工作发展得极为迅速，成为森林保护学科中比较活跃的领域之一。首先，在全国森林昆虫普查和森林昆虫区系研究的基础上，掌握了我国森林害虫的分布范围、生活习性、危害情况、发生规律等资料，为测报研究提供了准确的依据。在害虫空间分布型和抽样技术研究取得成果的同时，还开展了马尾松毛虫、落叶松毛虫、光肩星天牛、青杨天牛、大袋蛾、黄脊竹蝗等森林害虫系统测报技术的研究，为国家制定统一的测报标准奠定了基础。

8.2 森林害虫预测预报的类型

在发生期、发生量预测的基础上，进一步预测林分受害程度和造成的经济损失，为害虫防治以及选择防治方法提供依据。在森林害虫预测预报的实践中，常根据测报内容和时间的不同，将预测预报分为以下几种类型。

8.2.1 按预测预报的内容来划分

(1) 发生期预测

发生期预测是对害虫的卵、幼虫(或若虫)、蛹、成虫等某一虫态或虫龄出现或发生的始盛期、高峰期和盛末期进行预测。

(2) 发生量预测

发生量预测是对害虫可能发生的数量或虫口密度进行预测，预测是否存在大量发生的趋势和是否会达到防治指标，以确定是否开展防治工作。

(3) 分布蔓延预测

分布蔓延预测是对测报对象可能分布和蔓延危害的地区进行预测，以确定采取何种措施控制其扩展、蔓延危害。

(4) 危害程度预测

危害程度预测是在发生量预测的基础上预测测报对象可能造成的危害，以轻、中、重表示其预测结果。划分标准：叶部害虫，以树叶 1/3 以下被害为轻微，1/3~2/3 被害为中等，2/3 以上被害为严重；树干及枝梢表面的害虫，以树干及枝梢被害 20% 以下为轻微，21%~50% 为中等，51% 以上为严重；树干及枝梢的钻蛀性害虫，以树干及主梢被害率 10% 以下为轻微，11%~20% 为中等，21% 以上为严重；种实害虫，以种实被害率 10% 以下为轻微，11%~20% 为中等，21% 以上为严重。

8.2.2 按预测预报时间划分

(1) 短期预测

短期预测是根据害虫前一个虫期的发生情况，来推测后一虫期的发生期和发生量，以确定当前的防治措施和防治适期。该类预测的期限短(20 d 以内)，预测精度较高，在实践中应用较广。例如，根据落叶松毛虫化蛹进度预测羽化始盛期，以确定赤眼蜂的放蜂适期。

(2) 中期预测

中期预测通常根据上一个世代的发生情况来预测下一个世代的发生情况。预测期根据虫种而异，1 年发生 1 代的虫种预测期为 1 年，1 年发生几代的预测期则为 1 个月或 1 个季度。

(3) 长期预测

长期预测的预测期限多为跨年度，是根据当年害虫的发生情况预测来年的发生趋势。对于一些生活史长的害虫，分析今后几年内种群数量的消长动态，都属于长期预测。一般根据越冬后或年初测报对象的越冬虫口基数及气象预报等资料进行预测。长期预测往往需要几年或十几年系统的历史资料，才能使测报值接近实际情况。

8.3 森林害虫发生期预测

在森林害虫发生期预测中，常把发生期分为 5 个不同时期，即始见期、始盛期、高峰期、盛末期和终见期。很多害虫虫态(如羽化、产卵、孵化、化蛹)发生期的数量消长曲线是正态曲线。根据这个原理,当害虫发生量达前拐点(约16%)时是始盛期,当害虫发生量达50%时是高峰期,当害虫发生量达后拐点(约84%)时是盛末期。森林害虫发生期预测通常有以下几种方法。

8.3.1 发育进度预测法

先在林间调查或室内饲养观察,掌握某一虫期的发育进度,再结合以后各虫期的发育历期,即可预测以后各虫期的发育进度。根据发育进度,预测害虫发生期又可分为以下3种方法。

(1) 历期预测法

在检查某一虫期发育进度的基础上,加上相应的历期即可推算出下一个虫期的发生期。例如,根据落叶松毛虫化蛹进度推算羽化进度(表8-1)可以看出,落叶松毛虫化蛹始盛期为6月27日,蛹期21 d,所以推算松毛虫的羽化始盛期是7月18日。从表8-1中可以看出,松毛虫化蛹的高峰期为7月1日,所以推算松毛虫的羽化高峰期是7月22日。

表8-1 落叶松毛虫蛹及羽化进度

调查日期	6月26日	6月27日	6月28日	3月29日	7月1日	7月2日	7月3日	7月4日	7月5日	7月6日	7月7日
化蛹进度(%)	10.58	16.93	26.46	34.92	43.92	51.85	63.49	73.54	78.83	84.13	91.53
羽化进度(%)											
调查日期	7月8日	7月9日	7月17日	7月18日	7月19日	7月20日	7月21日	7月22日	7月23日	7月24日	7月25日
化蛹进度(%)	95.24	100.00									
羽化进度(%)			7.50	10.00	25.00	47.50	70.00	77.50	85.00	97.00	100.00

当年实际羽化始盛期为7月18~19日,预测结果和实际发生期基本一致。当年实际羽化高峰期为7月20日,预测羽化高峰期为7月22日,预测高峰期比实际发生高峰期偏早2 d。

(2) 期距预测法

两个世代之间或不同虫期间始盛期与始盛期、高峰期与高峰期之间的间隔时间为期距。期距预测法与历期预测法类似,这种方法是在检查发育进度的基础上,加上相应的期距来推算下一虫期的发生期。

例如,从表8-1可以看出,松毛虫化蛹高峰期为7月1日,羽化高峰期为7月20日左右,化蛹高峰期到羽化高峰期之间的期距为19 d。所以,在以后的年份里只要掌握化蛹的始盛期、高峰期,再分别加上相应的期距,就可以推算出羽化的始盛期和高峰期。

(3) 分龄分级预测法

这种方法不需要定期系统检查发育进度,而只要在关键时期(如常年的始盛期和高峰期)做2~3次发育进度的检查。在检查时仔细进行卵分级、幼虫分龄、蛹分级,并计算各龄各级占总虫数的百分率,然后自蛹壳期向前累加达到前述的始盛期、高峰期和盛末期的标准，即可由该级蛹到羽化的历期推算出成虫羽化的始盛期、高峰期和盛末期。检查发育进度的方法通常有以下几种。

①野外调查法。一般是在野外进行定点定期调查，在某一虫期出现之前，逐日或定期在野外取样调查，统计出现的数量，计算发育进度，直到终期为止。

②饲养观察法。从野外将害虫的卵、幼虫、蛹采回后进行人工饲养，逐日观察记录，这样就可掌握各虫期的发育进度。

③诱杀法。诱杀法主要是利用害虫的趋光性和趋化性，通过设置诱虫灯或其他诱虫器诱杀害虫，掌握害虫的发育进度。例如，用黑光灯诱杀害虫，利用糖醋液诱杀黏虫、地老虎成虫等。

实例：用分龄分级法预测三化螟发蛾高峰和卵孵高峰期。

①取代表性的主要虫源田，拔取各种被害株 200 株以上，剥出三化螟幼虫、蛹及蛹壳。

②对剥出的三化螟幼虫、蛹进行分龄和分级，统计各自的数量，填入表 8-2 中。

表 8-2 三化螟幼虫、蛹分龄和分级统计表

项目\虫龄	幼虫各龄虫量与比率					蛹各级别或成虫虫量与比率							
	1龄	2龄	3龄	4龄	预蛹	1级	2级	3级	4级	5级	6级	7级	成虫
虫量(头)	0	0	2	8	2	2	7	9	16	5	20	4	5
比率(%)	0	0	2.5	10	2.5	2.5	8.75	11.25	20	6.25	25	5	6.25
累计(%)	100	100	100	97.5	87.5	85	82.5	73.75	62.5	42.5	36.25	11.25	6.25
历期(d)	4.3	3.8	4.3	7.2	1	1.2	1.2	1	1	1.3	1.2	1.1	8.9*

注：*代表产卵前期和卵期。

③计算各级幼虫、蛹和蛹壳占总虫数的比例。

④计算各龄幼虫、各级蛹及羽化阶段的总完成率，找出始盛期、高峰期和盛末期出现的虫龄。

⑤根据各始盛期、高峰期和盛末期出现的虫期预测下一虫期的始盛期、高峰期和盛末期。

预测公式：

$$\text{发蛾始盛期} = \text{调查日期} + \text{始盛期虫龄至羽化的历期}$$
$$= 8月13日 + (16-11.25)/25 \times 6级蛹历期 + 7级蛹历期 \tag{8-1}$$

即发蛾始盛期在 8 月 14~15 日。

$$\text{发蛾盛末期} = 8月13日 + 1级蛹历期 \times 0.5 + 2\sim7级蛹历期$$
$$= 8月13日 + 1.2 \times 0.5 + 1.2 + 1 + 1.3 + 1.2 + 1.1 = 8月20\sim21日 \tag{8-2}$$

即发蛾盛末期在 8 月 20~21 日。

$$\text{卵孵高峰期} = \text{调查日期} + \text{高峰期虫龄至羽化历期} + \text{卵历期}$$
$$= 8月13日 + (50-42.5)/20 \times 4级蛹历期 + 5\sim7级蛹历期 + 卵期$$
$$= 8月13日 + 0.375 \times 1 + 1.3 + 1.2 + 1.1 + 8.9 = 8/13 + 12.88 = 8月25\sim26日 \tag{8-3}$$

即卵孵高峰期在 8 月 25~26 日。

8.3.2 有效积温预测法

根据有效积温的计算可以预测害虫发生期,根据 $N=K/(T-C)$ 的公式计算。例如,落叶松毛虫发育卵的发育起点温度 C 为 (11.18 ± 0.33) ℃,有效积温 K 为 (106.33 ± 3.58) d·℃,所以幼虫发生期预测式为:

$$N=\frac{K\pm S_K}{T-(C\pm S_C)}=\frac{106.33\pm3.58}{T-(11.18\pm0.33)} \tag{8-4}$$

$$S_C=\sqrt{\frac{\sum(T-\bar{T})^2}{n-2}\left[\frac{1}{n}+\frac{V^2}{\sum(V-\bar{V})^2}\right]} \tag{8-5}$$

$$S_K=\sqrt{\frac{\sum(T-\bar{T})^2}{(n-2)\sum(V-\bar{V})^2}} \tag{8-6}$$

式中　S_C——C 的标准误差;
　　　S_K——K 的标准误差。

自产卵的始盛期或高峰期起,逐日将每天的日平均气温减去发育起点温度 C,求出当日的有效温度,将逐日的有效温度累加起来,即 $\sum(T-C)$,当逐日累加值达到 K 值的日期,即为预测的孵化始盛期或高峰期。

8.3.3 相关与回归预测法

例如,通过调查和测定,获得了马尾松毛虫越冬成虫始盛期(y)和该地 3 月下旬到 4 月中旬的平均温度累计值(x)之间的相关资料(表 8-3)。

相关系数公式如下:

$$r=\frac{\sum xy-\dfrac{\sum x\sum y}{n}}{\sqrt{\left[\sum x^2-\dfrac{(\sum x)^2}{n}\right]\left[\sum y^2-\dfrac{(\sum y)^2}{n}\right]}}=-0.603 \tag{8-7}$$

上式结果表示两者之间存在负相关关系,即三旬平均气温之和越高,则第一代始盛期越早。

一元线性回归预测法公式为:

$$y=a+bx \tag{8-8}$$

$$a=\bar{y}-b\bar{x}=18-(-0.8232)\times36.6=48.13 \tag{8-9}$$

$$b=\frac{\sum xy-\dfrac{\sum x\sum y}{n}}{\sum x^2-\dfrac{(\sum x)^2}{n}}=\frac{1106.2-\dfrac{622.7\times306}{17}}{23\,018.5-\dfrac{(622.7)^2}{17}}=-0.8232 \tag{8-10}$$

$b=-0.8232$ 表示气温每升高 1 ℃,始盛期就提前 0.8232 d,所以预测式为 $y=48.13-0.8232x$。应用该预测式进行预测,如 1987 年该地 3 月下旬到 4 月中旬的三旬平均气温总和为 41.9 ℃,则 $y=48.13-0.822\times41.9=13.69$ d,即 1987 年马尾松毛虫越冬代成虫始盛

表 8-3 马尾松毛虫越冬代成虫始盛期和 3 月下旬至 4 月中旬平均温度累计的回归分析

年份	3月下旬至4月中旬平均温度总和(℃) x	越冬代成虫始盛期 日期 月/日	越冬代成虫始盛期 以4月30日为0换算 y	x^2	y^2	xy
1970	35.5	5/22	22	16 260.25	484	781.0
1971	34.1	5/26	26	1162.81	676	886.6
1972	36.6	5/19	19	1339.56	361	695.4
1973	40.2	5/12	12	1616.04	144	482.4
1974	36.8	5/17	17	1354.24	289	6256.0
1975	40.2	5/17	17	1616.04	289	683.4
1976	31.7	5/23	23	1004.89	529	729.0
1977	39.2	5/19	19	1536.64	361	744.8
1978	44.1	5/8	8	1944.81	64	352.8
1979	32.2	5/23	23	1036.84	529	740.6
1980	32.2	5/13	13	1036.84	169	418.6
1981	37.2	5/25	25	1382.84	625	930.0
1982	32.2	5/15	15	1239.04	225	528.0
1983	32.5	5/18	18	1056.25	324	585.0
1984	36.1	5/19	19	1303.21	361	685.4
1985	36.7	5/18	18	1306.89	324	660.6
1986	42.2	5/12	12	1780.84	144	506.9
Σ	622.7	—	306	3018.56	5898	11 036.2

$(\Sigma x)^2 = 387\ 755.29$ $(\Sigma y)^2 = -93\ 636$ $N = 17$

期为 5 月 14 日。

8.3.4 物候预测法

物候预测法是指应用物候学的知识预测害虫发生期的方法。害虫与周围其他生物之间的物候有直接和间接关系。在自然界中某种害虫的出现总是和寄主植物某一生长阶段相吻合，如榆紫叶甲越冬代成虫是在春季榆树芽苞出现时开始活动取食；落叶松毛虫越冬幼虫是在落叶松长出新的芽苞时开始活动取食。所以也可以根据这种物候关系来预测害虫的发生期。

需要强调的是，物候关系必须根据长期系统的资料，不能只凭 1~2 年资料而片面地得出结论。此外，物候关系地区性很强，不能机械搬用外地资料。

8.4 森林害虫发生量预测

害虫发生量是一个极其复杂的生物学问题,害虫发生量预测比发生期预测要复杂得多,因为影响害虫发生量涉及很多因素,如食物、气候、天敌和人为因素等常常引起害虫种群数量的波动。这里将常用的几种害虫发生量预测方法介绍如下。

8.4.1 根据害虫有效基数预测发生量

通常害虫的发生量与前一世代的基数有密切的关系,基数大,下一世代发生量可能多,反之则少。有效基数的调查应在早春进行。根据害虫前一世代的有效基数可以推算后一世代的发生数量,计算公式如下:

$$P = P_0 \left[e \frac{f}{m+f} \times (1-M) \right] \tag{8-11}$$

式中　P——下一代发生量;

　　P_0——上一代虫口数;

　　　e——每头雌虫平均产卵量;

　　　f——雌虫数量;

　　　m——雄虫数量;

　　　M——死亡率(包括卵、幼虫、蛹、成虫未生殖前);

　　$1-M$——存活率,可分为 $1-a$、$1-b$、$1-c$ 和 $1-d$,其中 a、b、c 和 d 分别为卵、幼虫、蛹和成虫生殖前的死亡率。

8.4.2 根据生物气候图预测害虫发生量

用一年或数年中各月的温湿度组合绘制气候图。在绘制气候图时,纵坐标表示月平均温度,横坐标表示月平均相对湿度或月总降水量,将一年的温湿度组合点用线连接起来,就形成多边形不规则的封闭曲线图,这种图称气候图。

把各年气候图绘出后,再把某种害虫适宜的温湿度范围标示在气候图上,就可以比较并研究温湿度组合与害虫发生量的关系。

竹斑蛾的大发生与环境因子有密切关系,特别是5月降水量与该虫的大发生密切相关。例如,1964年广东省怀集县由于5月降水量特别小出现干旱,引起竹斑蛾大发生。1974年,该虫在广东东莞也突然大发生,根据气象资料分析,当年5月降水量显著低于历年5月平均降水量。由此说明,可用5月降水量来预测该虫的数量动态。

8.4.3 根据害虫形态指标预测发生量

昆虫对外界环境的适应会从内外部形态特征上表现出来,如虫型、生殖器官、性比、脂肪含量与结构等都会影响到下一代或下一虫态的数量和繁殖力。可以根据这些内外部形态特征的变化估计未来的发生量。

例如,蚜虫和介壳虫有多型现象,一般在适宜条件下,无翅蚜多于有翅蚜、无翅雌蚧多于有翅雄蚜，这就意味着种群数量将会发展。因此，可以根据有翅型成虫的比例为依据来推测未来的数量动态。

研究表明，在槐蚜种群中，当有翅蚜的百分率低于25%，在7~10 d数量将会增加，有翅蚜的百分率越低，增长速度越高；当有翅蚜的百分率为30%~40%，在7~10 d数量不会有大的变动；当有翅蚜的百分率高于60%，则蚜虫会迅速迁移，数量将显著下降。

8.4.4 根据生命表预测发生量

在森林害虫研究中，已先后对日本松干蚧、马尾松毛虫、落叶松毛虫、油松毛虫、思茅松毛虫、竹蝗、油桐尺蛾、柳毒蛾、青杨天牛等害虫编制了自然种群生命表，可以根据生命表观测害虫发生量。例如，采用查迹法编制青杨天牛生命表，得到了下列成虫数量预测式。

高额丰产林内的最优预测式为：
$$\lg N_A = 0.952\,66 \lg(N_1 P_1 P_2 P_3) + 0.566 \tag{8-12}$$

一般丰产林内的最优预测式为：
$$\lg N_A = 1.190\,511 \lg(N_1 P_1 P_2 P_3) - 0.398 \tag{8-13}$$

小老树林内的最优预测式为：
$$\lg N_A = 1.115\,43 \lg(N_1 P_1 P_2 P_3) - 0.3385 \tag{8-14}$$

式中　N_A——成虫数量；

　　　N_1——卵基数；

　　　P_1——卵期死亡率；

　　　P_2——幼虫期死亡率；

　　　P_3——蛹期死亡率。

也可以根据生命表中的种群趋势指数 I 预测害虫发生量。I = 次代卵量/本代卵量；当 I = 1 时，次代种群数量保持不变；$I > 1$ 时，次代种群数量增加；$I < 1$ 时，次代种群数量减少。

8.4.5 其他方法

20世纪50年代末期，蔡邦华等(1958)观察到食料因子变化可对马尾松毛虫蛹重、性比等产生影响；采用查蛹方法对马尾松毛虫发生量进行短期预报也得到了较好效果。查光济(2002)在利用蛹死亡率和蛹性比对下一代马尾松毛虫幼虫发生趋势进行短期预测时，还考虑了卵的死亡率。袁家铭(1963)的研究表明，松树被马尾松毛虫大量危害之前的松脂、总糖、可溶性糖含量相对较高，以后则显著下降。虽然当时没有将这些指标用于预测，但这种可能性是存在的。庞正轰(1989)的研究表明，越冬油松毛虫的色型比(黑/黄)与林分虫口数量大小相关。当虫口数量较高时，以黑色型幼虫的数量较多，黑/黄比值较大；当虫口数量较低时，以黄色型幼虫数量较多，黑/黄比值较小。他还推算出虫口数量 y(头/株)与幼虫色型比(黑/黄) x 的关系式，据此对油松毛虫数量进行测报。

8.5 数理统计预测

数理统计预测是将测报对象多年发生资料运用数理统计方法加以分析研究,构建其发生与环境因素的关系,并把与害虫数量变动有关的一个或几个因素用数学方程式(回归式)加以表达,即建立预测经验公式,然后只要把影响因素变量代入预测经验式中即可推算出害虫未来的数量变动情况。计算机的普遍应用,使数理统计方法在害虫预测预报上得到很大发展。

8.5.1 回归分析预测法

森林害虫种群数量变化和气候及生物中的某些因素的变化有密切关系,在测报中用数理统计方法分析害虫发生与影响因素的相关关系并制定它们的数学表达式的方法称为相关回归分析。相关回归分析的步骤如下:

①根据大量系统调查研究的资料,分析、判断与害虫发生量相关的因素。
②对已确定存在相关关系的一个或几个变量进行分析,建立预测经验公式。
③对预测经验式的可靠性及误差进行检验。
④分析影响害虫发生量的主要因素、次要因素及它们之间的关系。

回归分析包括几种方法,其中以逐步回归分析法在害虫测报上应用最多,双重筛选逐步回归分析法有其特殊功能。

(1)多元逐步回归预测法

在普通的多元回归分析中,需要凭借专业知识来选择合适的自变量。然而,在实际情况下,与害虫种群变动有关的自变量有时常多达数十个,从中选取几个合适的自变量并非易事。多元逐步回归分析的优点在于能自动地从大量可供选择的自变量中,选择出最重要的自变量,并建立回归方程。

薛贤清(1984)应用逐步回归方法分析了11个省份22个县(市)或林场的马尾松毛虫发生数量与当地气象条件的相互关系,建立了预测模型。如对福建连江的预测模型为

$$y = 26.417 - 0.425X_{11} + 0.871X_{12} \tag{8-15}$$

式中　　y——马尾松毛虫发生面积;
　　　　X_{11},X_{12}——气象因子。

于诚铭等(1987)对黑龙江省桦南、尚志、桦川、龙江4个县建立的落叶松毛虫种群数量动态预测模型采用的也是逐步回归的方法。

(2)双重筛选逐步回归预测法

多元逐步回归只能解决一个因变量对多个自变量的问题,双重筛选逐步回归可以解决多个因变量对多个自变量的问题,既可以反映因变量之间的相互关系,又能反映每个自变量对各个因变量的影响。在森林害虫预测预报工作中,需要考虑的虫情指标往往在两个以上,不仅要考查这些指标相互之间的关系,还要考虑每个影响因素对这些指标的影响。双重筛选逐步回归的应用,无疑为解决这些问题创造了可能。

李天生(1985)应用该法分析气象因子与马尾松毛虫发生的相互关系,并建立预报方

程。方程中预测指标(因变量)有4个,分别为 y_1、y_2、y_3 和 y_4;影响因素(自变量)有18个,分别为 x_1、x_2、$\cdots$、x_{18}。取筛选临界值尺 $Fx=2$,$Fy=1$,所得预测方程如下。

第一组:
$$y_1 = 11.117 - 0036x_8 + 0.874x_9 - 0.168x_{18}$$
$$y_3 = 22.548 - 0.095x_8 + 0.832x_9 - 0.300x_{18}$$

第二组:
$$y_2 = -131.838 + 17.806x_1 + 1.579x_4 + 0.533x_9 + 0.323x_{12}$$
$$y_4 = -159.4 + 23.087x_1 + 1.952x_4 + 0.505x_9 + 0.347x_{12}$$

结果表明:y_1 和 y_3 受共同因素影响,y_2 和 y_4 受共同因素影响。

8.5.2 判别分析预测法

判别分析是用来判别研究对象所属类型的一种多元分析方法。它用已知类型的样本数据构建判别函数,继而用此判别函数预测新的样本数据所属类型。在害虫测报中,人们关心的害虫发生情况常可用"大发生""非大发生""严重""轻微"等类型来划分,因此可用判别分析进行预测。

(1)两类判别及多类判别预测

判别分析按判别类型可分为两类判别和多类判别。

赵清山(1986)将马尾松毛虫发生情况划分成两类:A 类表示虫害严重;B 类表示虫害轻微。取前期气象因子作为判别因子,用两类判别分析方法建立 15 个地点马尾松毛虫的预测方程。其中针对四川永川云雾山林场建立的预测方程为:

$$y_A = 9.968 \quad y_B = 6.771 \quad y_C = 7.8369$$
$$y_A > y_B$$
$$y = 0.388x_9 - 0.839x_{10} + 0.01x_{11} + 1.16x_{12}$$

薛贤清(1982)将马尾松毛虫发生程度划分为极轻、轻、重、极重 4 个类别,用多类判别分析建立了预测方程。对福建连江建立的判别方程为:

$$y'_{Aa,Ab} = -5.312x_1 - 3.105x_2 - 2.624x_3 + 0.227x_4 + 0.085x_8 + 5.831x_9 + 1.139x_{11} - 11.339x_{13} + 0.238x_{14} - 3.117x_{15}$$
$$y'_{Ba,Bb} = 1.443x_5 + 0.002x_6 - 0.344x_{10} + 1.977x_{11}$$

(2)逐步判断预测法

前面介绍的两类和多类判别分析应用的例子均是人为确定判别因子,从而建立判别函数。在害虫预测中,需要考虑的因子很多,如何从诸多因子中挑选出最佳因子需谨慎。逐步判别方法可以自动从大量可能因子中挑选出对虫情预测最重要的因子并建立预测方程。

梁其伟(1986)应用逐步判别方法对马尾松毛虫进行了预测预报尝试。将马尾松毛虫大发生定为 A 类,非大发生定为 B 类,判别因子取前一年和当年前期的气象因子共 32 个。经过逐步筛选,最后所得预测方程仅保留 3 个因子。

$$F_{进} = 2, \quad F_{出} = 1$$
$$y_A = -2595.6470 + 186.7031x_1 + 0.0355x_2 - 0.3086x_3$$
$$y_B = -2695.2038 + 190.4618x_1 + 0.0457x_2 - 0.360x_3$$

8.5.3 数量化理论预测法

在害虫预测工作中会遇到非数值表示的因子，如昆虫的性别，这种因子称为定性因子。数量化理论就是将定性因子引入的统计分析方法。与回归分析对应的数量化理论称为数量化理论Ⅰ，与判别分析对应的数量化理论称为数量化理论Ⅱ。

吴敬等(1983)考虑害虫发生的记载资料精确性不高以及影响因素的特点，用数量化理论Ⅰ对马尾松毛虫发生进行预测。他们将马尾松毛虫危害情况划分为 5 个等级，将对松毛虫危害有影响的 12 个因子划分为 3 个等级，如此就将原来用数值表示的量转化为用级别表示的定性的量。在用数量化理论Ⅰ进行分析后，他们还据此建立了预测模型。

8.5.4 时间序列预测法

在回归分析和判别分析中，对害虫进行预测要利用其影响因素(如气象因子)作为预测因子，这称为他因分析。采用时间序列对害虫进行预测只需考虑害虫种群本身的变化，称为自因分析，但这并非不考虑外部因素，而是将害虫自身变化视为各种内外因子综合作用的结果。

时间序列的各种方法中以马尔科夫链方法在我国森林害虫测报上应用最广。马尔科夫链通过状态转移的概率来预测未来状态的变化。若令 $P_{ij}(m)$ 表示害虫事件经过 m 次转移，由状态 E_i 转移到状态 E_j 的概率，则：

$$P_{ij}(m) = N_j(m)/m_i \tag{8-16}$$

式中　　m——害虫事件观测值为 E_i 的总次数；

$N_j(m)$——害虫事件值 E_i 经过 m 次转移后值为 E_j 的次数。

周国法(1989)还提出过一种结合时间序列和灰色系统分析的害虫预测方法。

8.5.5 模糊数学预测法

模糊数学并非让数学变成模糊的东西，而是用数学来解决一些具有模糊性质的问题。这里指的模糊性质，主要指客观事物差异的中间过渡的不分明性。如"年老与年轻""美与丑"。在害虫预测中，虫情的"严重与轻微"也是模糊的。

模糊数学的基础是模糊集，它将普通集合中只取 0、1 两值推广到[0，1]区间，用隶属度来刻画对象的属性。

应用模糊数学可以有多种预测方法。梁其伟(1986)曾将模糊优先比应用于马尾松毛虫预测；薛贤清等(1986)曾采用模糊聚类分析进行预测。

第 9 章

"3S"技术在昆虫生态学中的应用

"3S"技术是指遥感(RS)、地理信息系统(GIS)和全球定位系统(GPS)技术的统称。"3S"技术及其集成是构成地球空间信息科学技术体系中最核心的技术。

(1) 地理信息系统(GIS)技术

GIS 是一种在计算机软硬件支持下，对空间数据进行录入编辑、存储、查询、显示和综合分析应用的技术系统。GIS 与 RS 的结合是发展的一个新趋势，这体现在 GIS 是遥感图像处理和应用的技术支撑，如遥感影像的几何配准、专题要素的演变分析等，而遥感图像则是 GIS 的重要数据源。

(2) 遥感(RS)技术

RS 是一种非接触、快速、大面积观测地物状态的现代化手段。当代遥感应用的发展具有以下特征。

①高分辨率。遥感的分辨率体现在几何分辨率、光谱分辨率和温度分辨率 3 个方面。目前卫星遥感的最高几何分辨率已达到厘米级。光谱分辨率表示的是对光谱波段的细分程度，将波段分解越细，越能从地物获取更详细的信息，目前光谱分辨率最高已达纳米水平。

②多时相特征。随着小卫星群计划的推行，通过多颗卫星协同工作，对同一地表进行重复采样的时间间隔越来越短。多波段、多极化方式的雷达卫星，能消除或减小恶劣天气影响，实现全天候和全天时对地观测。另外，通过卫星遥感与机载和车载遥感技术的有机结合，也是实现多时相遥感数据的有力保证。

(3) 全球定位系统(GPS)技术

GPS 是一种以卫星为基础的现代定位方法。GPS 具有全球性、全天候、功能多、抗干扰性强等特点，它可以解决传统方法定位精度低、复位难、工作量大等问题，是迄今为止人们认为最理想的空间对地、空间对空间、地对空间定位系统。GPS 定位精度已达到厘米甚至亚毫米级，从而大大拓宽了 GPS 技术在各行各业的应用范围。GPS 与 RS 结合应用，可以提高对地观测的精度，而且在时间和费用上具有无可比拟的优势。

9.1 GIS 在昆虫生态学中的应用

昆虫生态学是以昆虫为研究对象，研究昆虫及其与周围环境相互关系的科学。昆虫生态学还是一门应用性很强的学科,尤其在生产实际、害虫管理和预测预报方面起着重要作用。近几年来,昆虫生态学的理论和方法发展非常迅速,同时结合其他先进技术,如"3S"技术、地质统计学等,从深度和广度上为害虫的预测预报提供理论依据。

随着病虫害监测技术水平的提高,可以利用的病虫害分布相关数据也越来越多,而传统的方法缺乏合适的空间数据管理和分析工具,已经不能满足病虫害管理工作的需要。地理信息系统技术在处理较大的数据量上有一定的优势,大大减少了病虫害管理工作者的工作量;同时利用 GIS 技术进行病虫害的管理工作可以根据不同的实际需要结合不同的技术,对病虫害发生数据进行分析,而且分析结果可以利用 GIS 强大的制图功能更为直观地表现出来,对病虫害管理部门的决策工作起到一定的作用。传统统计学把研究对象当成独立的纯随机变量,不考虑与影响因素之间的空间相关性,因此存在很大的局限性。地质统计学不仅能够解决规则取样的问题,而且对不规则取样和大尺度问题都可以很好地解决。地质统计学在处理空间问题上独特的优越性使其应用范围逐渐变大。

9.1.1 GIS 概述

GIS 技术是一项以计算机为基础的新兴技术,围绕着这项技术的研究、开发和应用形成了一门交叉性、边缘性的学科,是管理和研究空间数据的技术系统。在计算机软硬件支持下,它可以对空间数据按地理坐标或空间位置进行各种处理,对数据进行有效管理,研究各种空间实体及其相互关系。GIS 通过对土壤因素、地理因素和气象因子等多因素的综合分析,可以迅速地获取满足应用需要的信息,并能以地图、图形或数据的形式表示处理结果。GIS 技术在病虫害管理工作中的应用潜力巨大,为病虫害管理工作提供了新的途径和方法。

近年来,地理信息系统已广泛应用于害虫综合治理领域,为害虫的预测预报、综合治理研究提供了新的途径和方法。GIS 主要运用空间分布格局间的时空分析和叠置分析来查明害虫发生的适宜生境及影响因子。

9.1.2 GIS 在害虫暴发、迁移扩散趋势预测与动态分析中的应用

GIS 技术能利用历史上已积累的昆虫统计数据进行空间定位,通过空间分析建立相应的线性统计模型,对害虫暴发及迁移扩散趋势进行预测。最常用的方法是专题地图显示,即通过叠加行政区划图、土壤类型图和气候要素图等专题图,利用 GIS 的空间分析功能来确定病虫害的适应性分布。Shepherd et al. (1988)将失叶频率图与森林类型图、生物地理气候图叠加用于研究因舞毒蛾引起的落叶与生境的空间关系,预测将来最易暴发成灾的森林区域;Johnson et al. (1989)用 GIS 研究了历史上蝗虫暴发与土壤特征的相关性以及与降雨的关系,发现蝗虫的猖獗与土壤类型而不是土壤结构有关,且降雨与其种群密度显著相关,并绘制了其发生程度的空间分布图;Schell et al. (1997)利用叠置法分析了草地蝗虫的发生与土壤、海拔等因子的关系,定量分析了这些因子对种群动态的影响。

9.1.3 GIS 在害虫空间分布动态监测中的应用

害虫空间分布与动态监测主要是利用 GIS 结合 GS、全球定位系统(GPS)和遥感技术(RS)来进行的。韩秀珍等(2003)结合 GIS 与 RS 对蝗虫生境特征、历史蝗灾记录和蝗害发

生时有关数据进行集成和分析，可以预测蝗灾时空变化、蝗灾范围、蝗灾程度和灭蝗的最佳时段等重要信息；王正军等（2004）应用 GIS 技术和 GS 方法对 1980—1997 年的来自 36 个监测点的 2 代棉铃虫卵的密度数据进行了空间结构分析和空间分布模拟；娄国强等（2006）采用 GS 空间插值方法，借助 RS 和 GIS 技术，得出了 2001—2003 年和田地区春尺蠖种群空间分布格局及其动态；王长委等（2009）采用基于 GIS 的多因子插值模型生成不同时期的稻飞虱空间危害专题图，从时间和空间角度分析比较了不同时期的稻飞虱危害情况，发现稻飞虱在广东省内有明显的空间结构，即稻飞虱发生程度不仅与空间位置有关，而且其扩散具有方向性。

随着信息技术的发展，GIS 技术凭借其对空间数据强大的处理能力，已经被广泛地应用到昆虫生态学领域中，并且取得了一定的成效。但 GIS 在组建害虫相关的数据库及害虫综合管理信息系统与其他模型或系统结合等方面还需要继续深入研究和开拓。

9.2　RS 在昆虫生态学中的应用

9.2.1　RS 概述

从广义上讲，遥感（RS）包括所有通过某种装置对相对距离较远的目标物观察的方法。严格来讲，遥感是一个综合性的系统，它涉及航空、航天、光电、物理、计算机和信息科学以及诸多的应用领域。遥感系统包括被测目标的信息特征、信息的获取、信息的传输和记录、信息的处理及应用五大部分。随着遥感技术的飞速发展，其应用领域也在不断扩展，除在环境、自然资源、气象、通信、军事等领域发挥着越来越大的作用外，在大尺度的害虫生境监测、区域性预测中也开始显示出其独特的优势。一般利用遥感技术通过 3 种途径来监测害虫。

①监测的害虫行为，对害虫迁飞、迁移行为及其机制的了解与掌握，是制定有效的控制策略的关键。目前，在这方面使用最普遍的遥感技术是雷达应用。

②害虫危害植物后会导致植物在各个波段上的波谱值发生变化，这是利用航空遥感进行虫害监测的主要依据。森林虫害有很多种，其危害部位也不完全相同，有危害叶片的，有危害树干的，有危害树根的，但是不管其方式怎样最终都会导致林木的生长受到影响，林木的外貌发生变化。诸如叶片枯黄、叶片丧失等。

③对影响害虫种群生存和发展的环境因子（如寄主植物分布、降水量和气温等）的监测，也是害虫管理中非常重要的工作。如寄主植物的生长发育及分布状况将直接影响害虫的生长、发育和分布。在这方面，航天遥感具有雷达和航空遥感所无法替代的优点。

对害虫种群的时空动态进行遥感监测，需要选择合适的时空分辨率及其相应的遥感系统。对昆虫进行直接观察需要厘米级的空间分辨率，昆虫学雷达或光学装置可以满足这个要求；对某种作物或其中危害的识别需要米级的分辨率，这可以通过航空遥感的手段来进行；监测大尺度的环境情况需要数十米或千米级的分辨率，这可以通过不同类型的地球轨道卫星来实现。如地球观察卫星 Landsat 和 SPOT 具有数十米级的空间分辨率，而气象卫星如 NOAA 和 Meteosat 可提供千米级的空间分辨率的图像数据。监测昆虫种群动态，不仅需要合适的空间分辨率，而且也要选择合适的时间分辨率，即合适的监测周期。中、小尺度的实时监测可以应用地面雷达进行昼夜不间断的监测；而不同周期的地球卫星(如地球观察卫星 Landsat 运行周期为 16 d，MODIS 可每天两次进行数据采集)可分别为中长期或短期的害虫暴发预警提供数据服务。

9.2.2 对昆虫本身的遥感

由于受昆虫本身的个体大小、可动性和种群所在空间尺度的影响和限制，对昆虫种群本身进行早期的卫星监测难度很大，目前尚无先例。然而，可以通过昆虫雷达、光学系统以及航空摄影、摄像的方式直接监测迁飞性昆虫害虫的动态。

在害虫管理研究中使用最多的遥感技术是雷达。雷达的基本原理是根据无线电波从目标反射回来的能量来推断目标的位置。雷达发展的起初是用于跟踪、监测像舰船、航空飞行器一类的大的目标物，而不是如昆虫这样小的可动个体。但由于昆虫体内含水率较高，而水与金属都是雷达信号的好的反射体，因而雷达可有效地用于昆虫个体的监测。同卫星、航空遥感相比，雷达可昼夜无干扰地监测自然迁飞的害虫，其监测范围超过 1 km。

最常用于观测昆虫的雷达是脉冲雷达，即从天线发射足够能量、足够短的脉冲波束检测目标，且波长必须是厘米级的。用于昆虫观测的脉冲雷达主要类型包括：扫描雷达、垂直波束雷达(VLR)、机载雷达、毫米波雷达、谐波雷达、跟踪雷达。

雷达技术在害虫管理中应用的重点是监测害虫的迁飞，而对于害虫迁飞行为及其机制的了解与掌握是制定有效控制策略的关键。例如，通过应用雷达技术已初步探明了昆虫的起飞与降落、成层与边界层顶、定向及聚集机制。这些研究结果不仅澄清了以前人们对昆虫迁飞行为的一些错误认识(如昆虫的迁飞并不总是被动地顺风而行，而是有选择地在某种高度和一定的方向上主动飞行)，而且有助于研制更精确的种群预测和模拟模型，有助于了解和掌握杀虫剂抗性基因型的扩散及分布趋势。目前，雷达技术在害虫管理中的应用范围已涉及几乎所有重要的迁飞性害虫，如草地螟、沙漠蝗、非洲黏虫、舞毒蛾、稻飞虱、棉铃虫等，它在对迁飞害虫的动态监测中发挥着不可替代的作用。

9.2.3 对昆虫产生危害的遥感

雷达遥感只能监测害虫的迁飞，无法识别其危害，而航空遥感可以弥补这方面的不足。应用航空遥感技术不仅能够监测中小尺度的害虫迁飞行为，而且对于非迁飞性害虫所造成的危害也能够识别。如应用该技术可以有效地观察和分析森林落叶的空间分布范围。航空遥感包括航空摄影和航空摄像，航空摄影的优势在于可以快速地监测大范围的或难以接近的害虫栖息生境，精确地描绘并记录害虫对寄主作物所造成的危害情况。现在航空摄影已越来越多地被航空摄像所补充，航空摄像已单独或与航空摄影相结合应用于航空监测领域。航空摄像具有连续获取并即时显示正在获取的目标图像的能力，还可以方便地记录每个图像的位置和方向信息，具有近红外敏感性及好的波谱分辨率等。实验表明，可以应用航空摄像技术探测地面上大的昆虫或害虫的出现，但这种方法的实用性尚待进一步的检验和评估。

害虫对于寄主植物或农作物的危害一般都有一定的危害状或特征，这些危害状通过遥感探测可以显示为相应的波谱特征，通过对这些波谱特征的分析就能够了解害虫的危害情况。当然，要将害虫所造成的危害与其他原因产生的危害特征相区别，还必须结合地面调查来验证。

对害虫产生的危害进行监测是遥感技术应用于害虫管理的重要途径之一。美国、加拿大等国一直把航空遥感技术作为监测森林病虫害的主要手段，随着遥感图像空间分辨率的提高，现在也通过陆地系列卫星监测害虫的危害。在国内，武红敢等(1995)利用 TM 数据对浙江省江山市马尾松毛虫的早期为害症状进行了遥感监测，通过分析可以清晰地在影像上辨别出重灾区、中灾区、轻灾区、微灾区和健康林区。应用遥感技术监测害虫的危害可以了解害虫在整个区域的危害情况，为制定区域性害虫综合管理策略提供依据，但更应该把遥感技术的优势体现在害虫为害的早期或为害出现在局部的时候。

9.2.4 对昆虫栖息环境的遥感

对害虫栖息环境进行遥感监测是遥感技术在害虫管理中最重要的应用。只有通过了解和掌握害虫本身的数量增长规律及其影响因子，建立合适的模拟模型，在此基础上对这些因子进行周期性的监测，才能够进行有效的预测和预控。卫星遥感具有雷达和航空遥感所无法替代的优点，如监测的空间范围广、可选波段多、获取图像便利等。

就害虫种群动态而言，需要遥感监测的主要环境因子包括寄主植物、降水和大气温度等。寄主植物的生长发育及分布状况将直接影响害虫种群的生长、发育和分布，因此寄主植物既是卫星遥感监测的主要目标，也是监测害虫种群动态的基础。这是因为通过卫星遥感图像不仅能区分出害虫的生境，还可进一步通过对害虫生境的绿度及其特征的识别，推断出可能发生灾害的区域。如 Hielkma(1980)通过对澳大利亚昆士兰州西南部及澳大利亚东南部地区的研究表明，使用 Landsat PMSS 图像可以有效地监测出蝗虫赖以生存的绿色植被及其动态。又如 Voss et al. (1994)借助 1991 年的六景 Landsat PTM 图像对北非苏丹红海沿岸一带的沙漠蝗进行了研究，他们首先通过 TM 图像的预判和蝗虫生境有关的自然特征的分析，确定出沙漠蝗有代表性的生境类型，然后应用 GPS 进行实地调查并对生境类型计算机分类中所用的训练区进行准确定位，在此基础上，用最大似然分类法对蝗虫生境类型进行监督分类。此外，还应用 GIS 技术对沙漠蝗生境的有关参数进行了数据建库、分析与制图，并将其与遥感生境分类图像进行复合，从而获得研究区的沙漠蝗潜在繁殖区分布图。

监测害虫的寄主植物分布及其动态，不仅具有以上两方面的作用，而且对于制定合理的耕作制度、阻止其扩散蔓延具有独特的作用。如为防止和推迟棉铃虫从巴西到巴拉圭的扩散，研究人员应用卫星遥感调查了两国在遥远、难以接近的边界地区建立并保持一个宽100 m、无棉花生长的缓冲区的可行性。结果表明应用卫星图像数据可以方便、有效地监测棉花的生长区，而采用地面调查手段划分小尺度的棉花生长区就很困难。当然这个方法的可行性取决于卫星遥感对棉花田的可靠识别。

卫星遥感不仅能够直接监测害虫的寄主植物，而且还可监测其他环境变量如降雨和大气温度。就影响程度而言，降雨可能是最重要的决定害虫生境适合度的环境变量，而且也是时空变异最大的变量；其他变量如温度、光照等对于决定昆虫种群发展的适宜生境也具有重要作用。现在应用气象卫星如 NOAA，Meteosat 等可比较准确地预测中长期的天气情况，包括降雨和气温，这对开展害虫的中长期预测预报提供了有力的支持。

应用卫星遥感监测影响害虫种群动态的关键因子，通过因子的定量化并输入相应的模拟模型，就可实现对害虫种群的预测预警。在组建害虫种群动态模拟模型时，需要选择合适的统计学或生物学方法，还必须将 GIS 与遥感相结合。GIS 和遥感结合对监测非迁移性害虫的适宜生境研究已有不少的例子，如蚊子、采采蝇、螺旋蝇幼虫等。对于迁移性害虫的研究则要复杂得多，这主要依赖于模型模拟和评估。一方面是通过害虫迁移模型预测未知地区可能遭受虫害侵入的概率，或者通过简单的害虫迁飞路径分析估计其起飞地和目的地；另一方面是通过生境适宜性模型评估害虫在某地的发生概率。为了建立生境适宜性模型，首先必须明确对种群数量变化影响最大的种群变量及其相应的环境因子，然后应用 GIS 和地统计学的空间分析与模拟方法去说明种群发展的环境适合度分布，在此基础上，即可组建合适的生境适宜性评估模型。

纵览国内外研究现状，遥感技术在昆虫生态学中的森林、沙漠、牧场害虫方面研究较多，农业害虫方面研究较少；对害虫的危害症状研究较多，危害早期的环境因子研究较少；雷达遥感技术的研究和应用较多，航空和卫星遥感技术研究相对较少；缺乏综合多种遥感平台的研究；研究的空间因子偏少，多限于寄主植物的绿度、植被指数等，对大气温度、降雨等其他因子研究较少；由于受图像空间分辨率低的影响，大尺度的种群动态研究较多，小尺度如田块的危害情况研究较少。展望未来，遥感技术在昆虫生态学中的应用趋势将表现在以下 3 个方面：

①应用的综合性增强。其一，雷达、航空和卫星遥感将各自发挥其独特的作用，综合地应用于害虫的立体化实时的监测之中；其二，遥感和 GIS，GPS，计算机视觉技术以及近地面红外技术等相结合，使得针对害虫发生的数据获取、数据库组建、空间分析、预测预警和田间管理实现实时化、一体化和精确化。

②遥感图像的时空分辨率进一步提高，实用性增强。随着技术的进步，多光谱、高光谱和更短时相的遥感数据将源源不断地产生，这将为方便、精确地分析昆虫种群动态提供强大的支持。

③应用范围扩大。随着遥感数据价格的降低和共享化程度的提高，数据的应用领域和范围必将进一步扩大。

9.3　GPS 在昆虫生态学中的应用

9.3.1　GPS 概述

全球定位系统是 1973 年 12 月美国国防部批准的海陆空三军联合研制的一种新的军用卫星导航系统，它是在子午卫星系统基础上发展起来的新一代导航定位系统，是继美国阿波罗登月飞船和航天飞船之后的第三大航天工程。整个 GPS 系统由三部分组成，即由 GPS 卫星组成的空间部分，由若干地面站组成的地面监控系统和以 GPS 接收机为主体的用户设备。空间部分由 24 颗工作卫星和 3 颗备用卫星组成，工作卫星均匀分布在 6 个倾角为 55°的近似圆形轨道上，距地面约 20 200 km，保证用户在任何时候、任何地方都能接收到 4 颗以上的卫星信号，无须地面上任何参照物便可随时随地测出地面上任一点的三维坐标。美国政府已在 2000 年 5 月 1 日宣布从 2000 年 5 月 2 日零时起取消 SA(选择可用性)政策，从而结束了多年人为降低 GPS 精度的歧视政策，这意味着 GPS 水平距离单机定位精度将从

±100 m提高到±15 m，采用载波测距和事后处理定位精度可达到厘米级。GPS具有全球性、全天候、功能多、抗干扰性强的特点，它可以解决传统方法定位精度低、复位难、工作量大的问题，是迄今为止人们认为最理想的空间对地、空间对空间、地对空间定位系统。GPS的应用已遍布各行各业，在21世纪，GPS势将触及人们生活的方方面面。

9.3.2 GPS在虫害动态监测中的应用

GPS能捕获空间卫星进行导航、定位和测量面积等多种功能，因此能及时、准确地获得灾害点的相关信息并用于分析决策，为测报工作提供便利和可靠的保证。

在虫害监测研究领域，GPS已被广泛应用于林地标准地放样、地理信息系统数据更新及辅助遥感数据处理与信息提取中。王福贵(1996)等应用航空录像对松毛虫害研究时，应用GPS进行了图像辐射校正GCP点的定位，达到了灾害点的准确定位。方书清等通过航空录像技术用手持式GPS地面定位变色树木，做到准确、快速定位感病的松树，起到及时监控松材线虫病的作用。

在飞防与监测路线导航应用方面，美国已发展得较为成熟。美国现有的DGPS航空导航系统可引导飞行员从机场直接前往作业区，并能以2 m的精度记录飞机的轨迹、喷洒作业所处的状态，同时对来自地面传感器的数据进行准确的偏离计算并及时通告相关人员。此外，美国林务局还开发了GPSES软件系统，此系统能够模拟药物沉降和漂移的算法加载相应的坐标数据，且可下载飞行数据用于计算杀虫剂的漂移或预测虫口密度，帮助分析虫害的蔓延趋势，从而给出相应的治理区域及方案建议。20世纪90年代，我国已有地区通过GPS系统导航定位，进而使用飞机喷药的方法防治病虫害的成功经验，使用GPS系统导航定位可以准确、有效地把药物喷洒到虫源地。黄向东等(1999)在飞防松毛虫的研究中，将多种生物农药同GPS结合使用，有效地提高了防治效果。在GPS系统不断发展和应用过程中，我国不同地区也引进了导航和通信设备，并开发了相应的处理软件。随着林业信息化建设的深入进行，GPS在林业有害生物测报中发挥着越来越重要的作用。

9.4 "3S"集成技术在森林虫害管理中的应用

9.4.1 RS与GIS集成模式及其在虫害管理中的应用

RS与GIS是"3S"集成中最重要、最核心的内容，也是在虫害动态监测中研究较多的一种集成方式。Liebhold et al.(1992)将遥感影像和GIS结合用于大范围杀虫剂效用的评估，并评价了舞毒蛾两种防治方法的效果。Twery et al.(1990)将遥感数据和实地调查数据结合，利用GIS研究了分布及种群密度与环境因子的关系，预测了害虫的栖息带及潜在的发生带、迁飞害虫生境的季节性分布及扩散范围，实现了对为害区域的实时观测和评估。

9.4.2 GIS与GPS集成和RS与GPS集成及其在虫害动态监测中的应用

GIS与GPS集成是通过同一大地坐标系统建立联系，常应用在电子导航和实时数据采集与更新等既需空间点动态绝对位置又需地表地物静态相对位置的领域。RS与GPS集成的主要目的是利用GPS的精确定位解决传统RS定位困难的问题，并利用GPS定位辅助对遥感图像进行处理和信息提取。在我国,这两种集成方式在虫害动态监测中的应用多集中在利用 GPS 定位、为 GIS 提供实时数据及辅助对遥感图像处理和信息提取。在国外,澳大利亚应用了一个基于 GIS 的决策支持系统,其数据采集中的部分信息就是通过定期 GPS 定位调查获得的,此系统有效地对虫灾进行了预测及辅助决策制定。

9.4.3 "3S"整体集成及其在森林虫害动态监测中的应用

"3S"整体集成包括以 GIS 为中心的集成和以 GPS/RS 为中心的集成。前者可认为是 RS 与 GIS 集成的一种扩充,后者则以同步数据处理为目的,加拿大车载"3S"集成系统(VISAT)和美国的机载/星载"3S"集成系统是这种集成模式较成功的两个实例。在我国,最早提出应用"3S"整体集成进行虫害动态监测的是周立(1999)。随后,蒋建军等(2002)以环青海湖地区为例,使用 TM 和 DEM、草地类型图及 GPS 定位的野外调查资料,从遥感图像处理、地理数据及专家知识一体化的角度出发,进行草地蝗虫生境类型的分类,精度达 84.23%,比最大似然法提高了 10.2%。朱跃珍等(2003)提出了运用"3S"技术建立天然林保护工程森林健康维护系统的设计构想,该系统以卫星数据为虫害的预测依据,在 GIS 中建立预测模型、拟订防治计划和工作路线,利用 GPS 导航引导、寻找防治工作区,通过遥感图像监测评价防治的效果和病虫害的发生、发展趋势。

9.4.4 森林虫害动态监测"3S"集成技术体系

森林虫害动态监测"3S"集成技术体系(图 9-1)由三部分组成,即数据采集,数据处理及分析,管理、再更新,三者有机结合、密不可分。数据采集主要包括两部分,即现时调查数据和基础调查数据,现实调查数据主要是借助 GPS 定位功能通过野外实地观测测量得到,基础调查数据主要通过搜集本地区的各种调查数据获得。数据处理主要是对现实调查数据及基础数据分别进行处理,得到标准化数据,为进行分析做好准备,同时还要对遥感影像进行预处理并提取出特征信息,得到可以应用于研究的不同时期的相关数据,为动态变化分析提供数据支持。最后就是对处理的数据进行分析、管理,得到动态变化的规律,并对原始数据库进行再更新。

9.4.5 应用"3S"技术对虫害进行动态监测的发展趋势

纵观国内外"3S"技术在虫害动态监测中的研究进展可以得知,应用"3S"技术对虫害进行动态监测在今后的发展趋势主要集中在以下几个方面。

①从技术手段上看,"3S"集成技术应用将成为今后的主要发展趋势。可以说在"3S"集成提出以前,3 个"S"在虫害动态监测中的应用经历了几近平行的发展历程,"3S"集成应用除了能够体现 3 个"S"单独使用所体现的优势外,还表现在动态性、灵活度和自动化等方面,所以应用"3S"集成技术对虫害进行动态监测将成为今后技术手段上的主要发展趋势。

②从集成方式上看,"3S"整体集成必将成为今后在虫害动态监测应用中的重要发展趋势。RS,GIS 和 GPS 在功能上的互补性及"3S"的整体集成并不仅仅是三者的简单相加而是其有机结合,所以"3S"的整体集成不仅能充分发挥其各自的优势,而且能够产生许多新

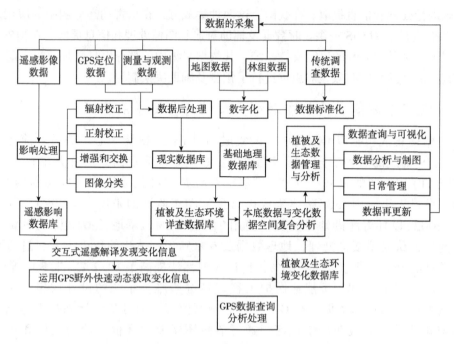

图 9-1 森林虫害动态监测"3S"集成技术体系

功能。在对两两集成的大量应用研究基础上，应用"3S"的整体集成必将成为今后在虫害动态监测研究中应用"3S"技术的重要发展趋势。

③从研究方向上看，对害虫栖息环境的监测将成为今后研究的主要方向。以往对于害虫本身的监测及害虫产生危害的监测研究较多，对害虫栖息环境的监测研究却不多，而只有掌握害虫本身的数量增长规律与其生态影响因子的关系，才能对害虫的为害活动进行预测和动态监测，所以对害虫栖息环境的监测将是今后虫害动态监测的主要研究方向。

④在遥感数据源方面，高空间分辨率、高光谱和高时间分辨率的遥感数据应用将成为研究热点。随着航天遥感技术水平的提高，数据源分辨率有了较大的改进，这使得应用高分辨率的航天影像进行虫害动态监测的定量和定性研究成为可能，但应用高分辨率的影像数据仍有很多的技术问题尚待解决，所以应用高分辨率航天遥感影像研究虫害动态监测将成为今后的研究热点。

⑤在研究尺度方面，对虫害动态监测的小尺度定量研究将成为主要发展方向。随着遥感图像的时空分辨率的进一步提高及对高空间分辨率、高光谱和高时间分辨率的遥感数据的进一步应用研究，对于虫害动态监测的研究将会突破传统大尺度的定性研究，而开始走向小尺度的定量研究。

参考文献

蔡晓明. 生态系统生态学[M]. 北京：科学出版社，2000.

丁岩钦. 昆虫数学生态学[M]. 北京：科学出版社，1994.

杜正文，蔡蔚琦. 玉米螟在江苏光周期的反应初报[J]. 昆虫学报，1964，13：129-132.

戈峰，陈法军. 大气CO_2浓度增加对昆虫的影响[J]. 生态学报，2006，26(3)：933-944.

庚镇城. 中立学说和分子进化论研究——现代进化学说的前沿动向[J]. 科技导报，1998，(1)：3-8.

管致和. 菜蚜迁飞短期预测的研究[J]. 昆虫学报，1975，18：11-15.

郭郛. 昆虫的变态[M]. 北京：科学出版社，1965.

韩秀珍，马建文，罗敬宁，等. 遥感与GIS在东亚飞蝗灾害研究中的应用[J]. 地理研究，2003，22(2)：253-256.

金翠霞. 黏虫的发育和成活与环境温度的关系 I. 卵和1龄幼虫[J]. 昆虫学报，1964，13：835-843.

李秉钧. 光照及温度对桃小食心虫(Carposina niponensis Wals.)滞育影响的初步研究[J]. 昆虫学报，1963，12：423-431.

李典谟，周立阳. 协同进化——昆虫与植物的关系[J]. 昆虫知识，1997，34(1)：45-49.

林郁. 水稻螟虫及其预测预报[M]. 北京：财经出版社，1956.

刘建国. 当代生态学博论[M]. 北京：科学技术出版社，1992.

娄国强，吕文彦，余昊，等. 基于GS和GIS的春尺蠖种群分布动态研究[J]. 昆虫学报，2006，(4)：613-618.

马世骏. 东亚飞蝗的结构及转化[J]. 昆虫学报，1962，11：17-30.

马世骏. 昆虫种群的空间、数量、时间结构及其动态[J]. 昆虫学报，1964，13：38-55.

马世骏. 中国东亚飞蝗蝗区的研究[M]. 北京：科学出版社，1965.

庞雄飞，梁广文. 害虫种群系统的控制[M]. 广州：广东科学技术出版社，1995.

培克. 作物抗虫性的研究[M]. 夏基康，陆宝树，张孝羲，译. 上海：上海科学技术出版社，1965.

裴雪重. 对进化论是坚持还是否定——关于"寒武纪生命大爆炸"的思考[J]. 科技导报，1997，(3)：5-7.

宋道平，余增亮，徐登益. 从生物的辐射敏感性看生物的进化方向[J]. 科技导报，1998，(4)：17-18.

孙儒泳. 动物生态原理[M]. 北京：北京师范大学出版社，1988.

孙儒泳. 基础生态学[M]. 北京：高等教育出版社，2002.

孙儒泳. 普通生态学[M]. 北京：高等教育出版社，1993.

潭寇日. 气象站数理统计预报方法[M]. 北京：科学出版社，1979.

瓦利. 昆虫种群生态学分析方法[M]. 李祖荫，等译. 北京：科学出版社，1981.

王献溥，刘凯. 生物多样性理论与实践[M]. 北京：中国环境科学出版社，1994.

王正军，李典谟，谢宝瑜. 基于GIS和GS的棉铃虫卵空间分布与动态分析[J]. 昆虫学报，2004(1)：33-40.

韦格尔斯华滋. 昆虫变态生理[M]. 上海：上海科学技术出版社，1963.

邬建国. Metapopulation(复合种群)究竟是什么？[J]. 植物生态学报，2000，24(1)：123-149.

邬祥光. 南方黏虫之研究——Ⅳ. 黏虫的发育起点、有效积温常数测定及其研究方法、计算方法的比较[J]. 昆虫学报，1964，13：649-658.

徐钦琦. 时间在生物进化中的作用[J]. 科技导报, 1998, (1): 11-113.

徐汝梅. 昆虫种群生态学[M]. 北京: 北京师范大学出版社, 1987.

雅洪托夫. 昆虫生态学[M]. 北京: 科学出版社, 1962.

伊藤嘉昭. 动物生态学[M]. 北京: 科学出版社, 1975.

尤子平. 昆虫生理生化及毒理[M]. 南京: 江苏人民出版社, 1962.

俞晓平, 胡萃. 不同生境源的稻飞虱卵寄生蜂对寄主的选择和寄生特性[J]. 昆虫学报, 1998, 41(1): 43-47.

俞晓平, 胡萃. 稻飞虱和叶蝉的寄主范围以及与非稻田生境产关系[J]. 浙江农业学报, 1996, 8(3): 158-162.

俞晓平, 胡萃. 非稻田生境与稻飞虱卵期主要寄生蜂的关系[J]. 浙江农业大学学报, 1996, 22(2): 115-120.

张金霞, 曹广民. 高寒草甸生态系统的氮素循环[J]. 生态学报, 1999, 19(4): 512-520.

张孝羲, 陆自强. 稻纵卷叶螟迁飞途径的研究[J]. 昆虫学报, 1980, 23(2): 130-140.

张孝羲. 害虫测报原理和方法[M]. 北京: 农业出版社, 1979.

张孝羲. 昆虫生态及预测预报[M]. 北京: 中国农业出版社, 2002.

赵志模, 郭依泉. 群落生态学原理与方法[M]. 北京: 科学技术文献出版社, 1990.

赵志模. 生态学引论[M]. 北京: 科学技术文献出版社, 1984.

赵紫华. 虫口统计学的概念与应用[J]. 植物保护学报, 2020, 47(4): 8.

郑晓敏, 齐心, 褚栋. 昆虫种群生命表简化记录方法: 以烟粉虱数据为例[J]. 昆虫学报, 2016, 59(6): 6.

中国农业科学院植物保护研究所. 农作物病虫害发生规律及其预测预报 I-II[M]. 北京: 农业出版社, 1959.

钟志伟, 李晓菲, 王德利. 植物-植食性动物相互关系研究进展[J]. 植物生态学报, 2021, 45(10). DOI: 10.17521/cjpe.2020.0001

周圻. 水稻螟虫及其防治[M]. 上海: 上海人民出版社, 1971.

朱伯承. 统计天气预报[M]. 上海: 上海科学技术出版社, 1981.

朱伯承. 用数理统计方法预报病虫害[M]. 南京: 江苏人民出版社, 1978.

诸星静次良. 蚕的发育机制[M]. 北京: 科学出版社, 1962.

祝廷成, 董原德. 生态系统浅说[M]. 北京: 科学出版社, 1983.

邹远鼎, 王弘法. 农林昆虫生态学[M]. 合肥: 安徽科学技术出版社, 1990.

邹钟琳, 张孝羲. 小地蚕的生物学特性和在江苏的防治策略[J]. 江苏农学报, 1962, 2: 58-62.

邹钟琳. 昆虫生态学[M]. 上海: 上海科学技术出版社, 1980.

Abarca M, Spahn R. Direct and indirect effects of altered temperature regimes and phenological mismatches on insect populations[J]. Current Opinion in Insect Science, 2021, 47: 67-74.

Alber J D. Population ecology[M]. Chicago: Blackwell Scientific, 1991.

Andrewartha J D, Brich L C. The distribution and abundance of animals [M]. Chicago: Univ. Chicago, 1954.

Begon M, Mrtimer M. Population ecology[M]. Chicago: Blackwell Scientiffic Publications, 1981.

Berryman A A. Population systems[M]. New York: Plenam Press, 1981.

Bezemer T M, Jones T H. Plant-insect herbivore interactions in elevated atmospheric CO_2 quantitative analyses and guild effects[J]. Oikos, 1998, 82(2): 212-222.

Blum M, Nestel D, Cohen Y, et al. Predicting Heliothis (*Helicoverpa armigera*) pest population dynamics with an age-structured insect population model driven by satellite data[J]. Ecological Modelling, 2018, 369(10): 1-12.

Ehrlich P R, Raughgardan J. The science of ecology[M]. New York: Macmillan Publishers, 1987.

Endler J A, Melellen T. The procrsses of evolution: toward a newer synthesis[J]. Ann. Rev. Ecol. Syst., 1988, 19: 395-421.

Hanski I, Gilpin M E. Metapopulation biology-ecology, genetics, and evolution [M]. San Diego: Academic Press, 1997.

Harcourt D G. The development and use of life table in study of natural insect population[J]. Ann. Rev. Entomol., 1969, 14: 175-196.

Hastings A. Community eclolgy[M]. New York: Springer, 1988.

Johnson C D. Migration and dispersal of insects by fight[M]. London: Mmethuen, 1969.

Keeton W T, Gould J L. Biological sciences[M]. 4th ed. New York: Norton & Company, 1986.

Krebs C J. Ecology: the experimental analysis of distribution and abundance [M]. 3rd ed. New York: Harper & Row, 1985.

Liu Y Z, Reich P B, Li G Y, et al. Shifting phenology and abundance under experimental warming alters trophic relationship and plant reproductive capacity[J]. Ecology, 2011, 92: 1201-1207.

Manuel M. Ecology: Concepts and application[M]. New York: McGraw-Hill Company, 1999.

May R M. Theoretical ecolgy[M]. Chicago: Blackwell Scientific Pub, 1976.

Modlmeier A P, Keiser C N, Wright C M, et al. Integrating animal personality into insect population and community ecology[J]. Current Opinion in Insect Science, 2015, 9: 77-85.

Mondor E B, Awmack C S, Lindroth R L. Individual growth rates do not predict aphid population densities under altered atmospheric conditionss[J]. Agricultural and Forest Entomology, 2010, 12(3): 293-299.

Nicholson A L. Dynmics of insect population[J]. Ann. Rev. Entomol., 1958, 3: 107-136.

Odum E P. Fundemental of ecology[M]. 3rd edition. Philadelphia: Sauneder, 1971.

Park C C. Ecology and environmental management[M]. London: Butlerworths, 1981.

Price P W, Bonton C E, Po Gross, et al. Interactions among three trophic levels, Influence of plants on inter actions between insect herbivores and natural enemies[J]. Ann. Rev. Eool. Syst., 1980, 11: 41-65.

Price W. Insect ecology[M]. New York: Wiley & Sons, 1996.

Putman R J, Wratten S D. Principles of ecology[M]. Worcester: Billing & Sons, 1984.

Real L A, Brown J A. Foundation of ecology: Classic papers with commentaries[M]. Chicago: The Univ of Chicago PR., 1991.

Primack R, 季维智. 保护生物学基础[M]. 北京: 中国林业出版社, 2000.

Southwood T R E. Ecological methods[M]. London: Chapman & Hall, 1978.

Speight Martin R, Marh D, Hunter, et al. Ecology of Insects-concepts and applications[M]. New York: Blackwell Science Ltd Malden, 1999.

Steel R G, Dand J H. 数理统计的原理和方法: 适用于生物科学[M]. 杨纪珂, 孙长鸣, 译. 北京: 科学出版社, 1979.

Ward J V. Aquatic insect ecology[M]. New York: Wiley Publish, 1992.

Williams R S, Lincoln D E, Norby R J. Leaf age effects of elevated CO_2-grownwhite oak leaves on spring-feeding lepidopterans[J]. Global Change Biology, 1998(4): 235-246.

Wratten S D. Field and laboratory experiences in ecology[M]. London: Edward Arnold, 1980.